从0到1 微视频版
HTML+CSS
快速上手

莫振杰 著

U0383245

人民邮电出版社

北京

图书在版编目（CIP）数据

从0到1：HTML+CSS快速上手 / 莫振杰著. -- 北京：
人民邮电出版社，2019.12
ISBN 978-7-115-51032-7

Ⅰ．①从… Ⅱ．①莫… Ⅲ．①超文本标记语言—程序
设计—教材②网页制作工具—教材 Ⅳ．①TP312.8
②TP393.092.2

中国版本图书馆CIP数据核字（2019）第064031号

内 容 提 要

作者根据自己多年的前后端开发经验，站在完全零基础读者的角度，详尽介绍了 HTML 和 CSS 的基础知识，以及大量的开发技巧。

全书分为两大部分：第一部分是 HTML 基础，主要介绍各种标签的使用；第二部分是 CSS 基础，主要介绍样式布局操作。对于书中每一章，作者还结合实际工作及前端面试，精心配备了大量高质量的练习题，读者可以边学边练，以更好地掌握本书内容。

本书为每一节内容录制了高质量的视频课，并且配备了所有案例的源码。此外，为了方便高校老师教学，本书还提供了配套的 PPT 课件。本书适合完全零基础的初学者使用，可以作为前端开发人员的参考书，也可以作为大中专院校相关专业的教学参考书。

◆ 著　　　　莫振杰
　　责任编辑　俞　彬
　　责任印制　马振武

◆ 人民邮电出版社出版发行　　北京市丰台区成寿寺路 11 号
　　邮编 100164　电子邮件 315@ptpress.com.cn
　　网址 http://www.ptpress.com.cn
　　固安县铭成印刷有限公司印刷

◆ 开本：787×1092　1/16
　　印张：16.5　　　　　　　2019 年 12 月第 1 版
　　字数：455 千字　　　　　2024 年 9 月河北第 11 次印刷

定价：45.00 元

读者服务热线：(010)81055410　印装质量热线：(010)81055316
反盗版热线：(010)81055315
广告经营许可证：京东市监广登字20170147号

如果你想要快速上手前端开发，又岂能错过"从 0 到 1"系列？

这是一本非常有个性的书，学起来非常轻松！当初看到这本书时，我们很惊喜，简直像是发现了新大陆。

你随手翻几页，就能看出来作者真的是用"心"去写的。

作为忠实的读者，很幸运能够参与本书的审稿及设计。事实上，对于这样一本难得的好书，相信你看了之后，也会非常乐意帮忙将它完善得更好。

——五叶草团队

前言

　　一本好书不仅可以让读者学得轻松，更重要的是可以让读者少走弯路。如果你需要的不是大而全，而是恰到好处的前端开发教程，那么不妨试着看一下这本书。

　　本书和"从 0 到 1"系列中的其他图书，大多都是源于我在绿叶学习网分享的超人气在线教程。由于教程的风格独一无二、质量很高，因而累计获得超过 100000 读者的支持。更可喜的是，我收到过几百封的感谢邮件，大多来自初学者、已经工作的前端工程师，还有不少高校老师。

　　我从开始接触前端开发时，就在记录作为初学者所遇到的各种问题。因此，我非常了解初学者的心态和困惑，也非常清楚初学者应该怎样才能快速而无阻碍地学会前端开发。我用心总结了自己多年的学习和前端开发经验，完全站在初学者的角度而不是已经学会的角度来编写本书。我相信，本书会非常适合零基础的读者轻松地、循序渐进地展开学习。

　　之前，我问过很多小伙伴，看"从 0 到 1"这个系列图书时是什么感觉。有人回答说："初恋般的感觉。"或许，本书不一定十全十美，但是肯定会让你有初恋般的怦然心动。

配套习题

　　每章后面都有习题，这是我和一些有经验的前端工程师精心挑选、设计的，有些来自实际的前端开发工作和面试题。希望小伙伴们能认真完成每章练习，及时演练、巩固所学知识点。习题答案放于本书的配套资源中，具体下载方式见下文。

配套视频课程

　　为了更好地帮助零基础的小伙伴快速上手，全书每一节都录制了配套的高质量视频，小伙伴们可扫描书中相应位置二维码观看。

配套网站

　　绿叶学习网（www.lvyestudy.com）是我开发的一个开源技术网站，该网站不仅可以为大家提供丰富的学习资源，还为大家提供了一个高质量的学习交流平台，上面有非常多的技术"大牛"。小伙伴们有任何技术问题都可以在网站上讨论、交流，也可以加 QQ 群讨论交流：519225291、593173594（只能加一个 QQ 群）。

配套资源下载及使用说明

　　本书的配套资源包括习题答案、源码文件、配套 PPT 教学课件。扫描下方二维码，关注微信公众号"职场研究社"并回复"51032"，即可获得资源下载方式。

职场研究社

特别鸣谢

　　本书的编写得到了很多人的帮助。首先要感谢人民邮电出版社的赵轩编辑和罗芬编辑，有他们的帮助本书才得以顺利出版。

　　感谢五叶草团队的一路陪伴，感谢韦雪芳、陈志东、秦佳、程紫梦、莫振浩，他们花费了大量时间对本书进行细致的审阅，并给出了诸多非常棒的建议。

　　最后要感谢我的挚友郭玉萍，她为"从 0 到 1"系列图书提供了很多帮助。在人生的很多事情上，她也一直在鼓励和支持着我。认识这个朋友，也是我这几年中特别幸运的事。

　　由于水平有限，书中难免存在不足之处。小伙伴们如果遇到问题或有任何意见和建议，可以发送电子邮件至 lvyestudy@foxmail.com，与我交流。此外，也可以访问绿叶学习网（www.lvyestudy.com），了解更多前端开发的相关知识。

作者

目录

第一部分　HTML 基础

第二部分   CSS 基础

第一部分
HTML 基础

第1章
HTML 简介

1.1 前端技术简介

在学习 HTML 之前，我们先来讲一下网站开发的基础知识。了解这些基础知识，对于你的网站开发学习之路是非常重要的。这不但能让你知道该学什么以及如何学，也能让你少走很多弯路。

1.1.1 从"网页制作"到"前端开发"

1. Web 1.0 时代的"网页制作"

网页制作是 Web 1.0 时代（即 2005 年之前）的产物，那个时候的网页主要是静态页面。所谓的静态页面，指的是仅仅供用户浏览而无法与服务器进行数据交互的页面。例如，一篇博文，就是一个展示性的静态网页。

在 Web 1.0 时代，用户能够做的唯一一件事就是浏览这个网页的文字和图片。用户只能浏览网页，却不能在网页上发布评论或交流（与服务器进行数据交互）。现在在网页上发布评论早已司空见惯，而在很多年前的 Web 1.0 时代的网站中，是极其少见的。

估计很多小伙伴都听过"网页三剑客"，这个组合就是 Web 1.0 时代的网站开发工具。网页三剑客指的是"Dreamweaver、Fireworks、Flash"这 3 款软件，如图 1-1 所示。

图 1-1 网页制作"旧三剑客"

2．Web 2.0 时代的"前端开发"

现在常说的"前端开发"是从"网页制作"演变而来的。互联网于十多年前进入了 Web 2.0 时代，在 Web 2.0 时代，网页分为两种：一种是"静态页面"，另一种是"动态页面"。

静态页面仅可供用户浏览，不具备与服务器交互的功能。而动态页面不仅可以供用户浏览，还可以与服务器进行交互。换句话说，动态页面是在静态页面的基础上增加了与服务器交互的功能。举个简单的例子，如果你想登录 QQ 邮箱，就得输入账号和密码，然后单击"登录"按钮，这样服务器会对你的账号和密码进行验证，成功后才可以登录。

在 Web 2.0 时代，如果仅使用"网页三剑客"来做开发，是不能满足大量数据交互开发需求的。现在我们所说的"页面开发"，无论是从开发难度，还是开发方式上，都更接近传统的网站后台开发。因此，我们不再叫"网页制作"，而是叫"前端开发"。对于处于 Web 2.0 时代的你，如果要学习网站开发技术，就不要再相信所谓的"网页三剑客"了，因为这个组合已经是上一个互联网时代的产物了。此外，这个组合开发出来的网站，其问题也非常多，如代码冗余、可读性差、维护困难等。

1.1.2　从"前端开发"到"后端开发"

1．前端开发

既然所谓的"网页三剑客"已经满足不了现在的前端开发需求，那么我们现在究竟要学习哪些技术呢？

对于前端开发来说，最核心的 3 个技术分别是 HTML、CSS 和 JavaScript（简称 JS），也叫"新三剑客"，如图 1-2 所示。

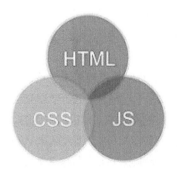

图 1-2　前端开发"新三剑客"

HTML，全称是"Hyper Text Markup Language"（超文本标记语言），HTML 是一门描述性语言。

CSS，即"Cascading Style Sheets"（层叠样式表），是用来控制网页外观的一种技术。

JavaScript 是什么？JavaScript 是一种嵌入到 HTML 页面中的脚本语言，由浏览器一边解释一边执行。

现在，我们知道了前端最核心的 3 个技术是 HTML、CSS 和 JavaScript。它们三者有什么区别呢？

"HTML用于控制网页的结构，CSS用于控制网页的外观，而JavaScript控制着网页的行为。"

给大家打个比方加以说明，制作网页就好像是盖房子，盖房子的时候，我们都是先把结构建好（HTML）。之后，再给房子装修（CSS），例如，给窗户装上窗帘、在地板上铺瓷砖。装修好之后，当夜幕降临之时，我们要开灯（JavaScript）才能把屋子照亮。

我们再回到实际的例子中去，看一下绿叶学习网（本书配套网站）的导航栏。"前端入门"这一栏目具有以下 4 个基本特点。

- ▶ 字体类型是微软雅黑。
- ▶ 字体大小是 14px。
- ▶ 背景颜色是淡绿色。
- ▶ 鼠标移到上面，背景色变成蓝色。

小伙伴们可能会疑惑：这些效果是怎么做出来的呢？其实思路与"盖房子"是一样的。我们先用 HTML 来搭建网页的结构，在默认情况下，字体类型、字体大小、背景颜色如图 1-3 所示。

前端技术

图 1-3　默认外观

然后，我们使用 CSS 来修饰一下字体类型、字体大小和背景颜色，如图 1-4 所示。

前端入门

图 1-4　使用 CSS 进行修饰

最后，再使用 JavaScript 来定义鼠标的行为，当鼠标移到上面时，背景颜色会变成蓝色，最终效果如图 1-5 所示。

图 1-5　加入 JavaScript

到这里，大家应该都知道一个缤纷绚丽的网页是怎么做出来的了吧？理解这个过程，对于后面的学习非常重要。

对于前端开发来说，即使你精通 HTML、CSS 和 JavaScript，也称不上是一位真正的前端工程师。除了上述 3 种技术，我们还得学习一些其他技术，如 jQuery、Vue.js、SEO 和性能优化等。建议小伙伴们把 HTML、CSS 和 JavaScript 学好之后，再慢慢去接触这些技术。

2. 后端开发

掌握了前端技术，差不多你就可以开发一个属于自己的网站了。不过这个时候做出来的是一个静态网站，它的唯一功能是供用户浏览，而不能与服务器进行交互。在静态网站中，用户能做的事情是非常少的。因此，如果想开发一个用户体验更好、功能更强大的网站，我们就必须学习一些后端技术。

那后端技术又是什么样的技术呢？举个简单的例子，很多网站都有注册功能，只有用户注册之后，才具有某些权限。例如，你要使用 QQ 空间，就得注册一个 QQ 才能使用。这个注册以及登录的功能就是用后端技术做的。又如你在淘宝上可以轻松方便地购物，这些功能依靠后端技术处理才能实现。下面给大家介绍几种常见的后端技术。

PHP，是较为通用的开源脚本语言之一，其语法吸收了 C、Java 和 Perl 语言的特点，使用广泛，易于学习，适用于 Web 开发领域。

JSP，有点类似 ASP 技术，它可以在传统的网页 HTML 文件中插入 Java 程序段（Scriptlet）和 JSP 标记（tag），从而形成 JSP 文件。用 JSP 开发的 Web 应用是跨平台的，既可以在 Windows 系统下运行，也能在其他操作系统（如 Linux）上运行。

ASP.NET，其前身就是我们常说的 ASP 技术，像绿叶学习网，就是使用 ASP.NET 开发的。

此外，很多人认为"网站就是很多网页的集合"，其实这个理解是不太恰当的。准确地说，网站是前端与后端的结合。

1.1.3　学习路线

与 Web 开发相关的技术实在太多了，很多小伙伴完全不知道怎么入门。即使上网问别人，得到的回答也是五花八门，令人十分困惑。下面是我们推荐的学习路线。

HTML→CSS→JavaScript→jQuery→HTML5→CSS3→ES6→移动 Web→Vue.js

这是一条比较理想的前端开发的学习路线。除了掌握这些技术，后期我们可能还需要学习使用一些前端构建工具，如 webpack、gulp 和 babel 等。学完并且能够熟练使用之后，你才算是一位真正意义上的前端工程师。针对这条路线，我们为小伙伴们打造了这套"从 0 到 1"系列图书。

在 HTML 刚入门的时候，你不一定要把 HTML 学精通了再去学 CSS（这也不可能），这是一种最笨也是最浪费时间的学习模式。对于初学者来说，千万别想着精通了一门技术，再去精通另一门技术。在 Web 领域，不少技术之间都有着交叉关系，只有"通"十行才可能做到"精"一行。

如果你走别的路线，可能会走很多弯路。这条路线是我从初学前端，到开发了各种类型的网站以及写了十多个在线技术教程和多本书籍的经验总结。当然，这条路线只是一个建议，并非是一个强制性要求。

接下来，就让我们迈入前端开发学习的第一步——HTML 入门。

1.2　什么是 HTML

HTML 全称是"Hyper Text Markup Language（超文本标记语言）"，是网页的标准语言。HTML 并不是一门编程语言，而是一门描述性的标记语言。

▶ 语法

```
<标签符>内容</标签符>
```

▶ 说明

标签符一般都是成对出现的，包含一个"开始符号"和一个"结束符号"。结束符号只是在开始符号前面多加了一条斜杠"/"。当浏览器收到 HTML 文本后，就会解析里面的标签符，然后把标签符对应的功能表达出来。

举个例子，我们一般用"<em> 绿叶学习网 </em>"来定义文字为斜体。当浏览器遇到标签对时，就会把标签中的文字用斜体显示出来。

```
<em>绿叶学习网</em>
```

当浏览器遇到上面这行代码时，就会得到图 1-6 所示的斜体文字效果。

绿叶学习网

图 1-6　浏览器解析后的效果

那么学习 HTML 究竟要学些什么呢？用一句简单的话来说，就是学习各种标签，来搭建网页的"骨架"。在 HTML 中，标签有很多种，如文字标签、图片标签、表单标签等。

HTML 是一门描述性的语言，就是用标签来说话。举个例子，如果你要在浏览器显示一段文字，就应该使用"段落标签（p）"；如果要在浏览器显示一张图片，就应该使用"图片标签（img）"。你想显示的东西不同，使用的标签也会不同。

总而言之，学习 HTML 就是学习各种各样的标签，然后针对你想显示的东西，对应地使用正确的标签，非常简单。

此外，很多时候，我们也把"标签"说成"元素"，如把"p 标签"说成"p 元素"。标签和元素，其实说的是一个意思，仅仅是叫法不同罢了。不过"标签"的叫法更加形象，它说明了 HTML 是用来"标记"的，用来标记这是一段文字还是一张图片，从而让浏览器将代码解释成页面效果呈现给用户。

1.3　常见问题

1. HTML 的学习门槛高吗？

学习 HTML 不需要任何编程基础，即使是小学生也可以学。当年我读大学的时候，讲计算机网络这门课的教授就说，他见过有些小学生都会做网页了！而我那时候都不知道什么是 HTML。

后来自己接触了很多前端知识后，才明白大学为什么很少涉及 HTML、CSS 这些课程。因为这些东西是非常简单的。不要抱怨自己学不会，那是因为你没有足够用心。

图 1-7　让人不得不服的《宝宝的网页设计》

2．学完这本书，要花多少时间？我能达到什么水平？

即使没有基础，只要认真学，一周就可以入门了。当然，仅仅学完这个教程，也只是入门程度，只能制作一些简单的网页。如果想要达到实际工作的水平，我们还需要学习 CSS 进阶的内容才行。

3．书中每一章后面的习题有必要做吗？

必须要做！这本书中每一章后面的练习题都是我与其他几个前端工程师精心挑选和设计出来的，这些习题来自于真正的前端开发工作，甚至不少还是面试题。希望小伙伴们认真把每一道题都做一遍。

4．现在都有 HTML5 了，为什么还要学 HTML 呢？

HTML 是从 HTML4.01 升级到 HTML5 的。我们常说的 HTML，指的是 HTML4.01，而 HTML5 一般指的是相对于 HTML4.01"新增加的内容"，并不是指 HTML4.01 被淘汰了。准确地说，你要学的 HTML，其实是 HTML4.01 加上 HTML5。

市面上的很多技术图书，都把"HTML5+CSS3+JavaScript"放到一本书里面介绍，其实这是误人子弟的做法。因为 5 本书都不可能把这些技术介绍完全，更不用说一本就能让你从入门到精通了。

之前好多小伙伴以为只要学 HTML5 就行了，没必要再去学 HTML。殊不知没有 HTML 基础，你是学不懂 HTML5 的。

5．如果我想达到真正的前端工程师水平，还要继续学习哪些内容呢？

可以看一下"从 0 到 1"系列的其他图书，这个系列的所有图书都是我一人"操刀"。本书只是一个入门篇，如果想要达到真正工作的水平，大家接下来应该学习 JavaScript、jQuery、HTML5、CSS3、ES6、Vue.js 等。

最后还有一点要说明，之前有些人问："为什么不把入门和进阶的内容都放到一本书里面？"。其实这样也是为了让大家有一个循序渐进的学习过程。

第 2 章

开发工具

2.1 开发工具

目前，前端开发工具非常多，如 Dreamweaver、Sublime Text、Atom、HBuilder、Vscode 等。对于有经验的开发者来说，使用哪一款工具都可以。不过对于完全没有基础的小伙伴，推荐使用 HBuilder。

这里有个情况有必要跟初学者说明一下。如果选择了 Dreamweaver 作为开发工具，一定不要使用它的界面操作的方式来开发网页，如图 2-1 所示，这种开发方式已经被摒弃很久了。

图 2-1　不要使用 Dreamweaver 界面操作的方式来开发网页

大家不要觉得 Dreamweaver 那种用鼠标"点点点"的方式开发网页既简单又快速。等你学了一段时间就会发现，你学到的根本就不是技术，而只是软件操作！采用界面操作的方式开发网页，跟当前实际工作中的前端开发是完全脱轨的。这样开发出来的网站，其可读性和可维护性非常差。可读性和可维护性，是 Web 开发中极为重要的两个东西。相信大家学到后面，应该会有很深的理解。

Dreamweaver 是一款不错的开发工具，这里并非反对大家使用 Dreamweaver，而是反对大家使用 Dreamweaver 那种"点点点"的界面操作方式来开发网页。对于刚刚接触 HTML 的小伙伴来说，Dreamweaver 易于上手。不过还是强烈建议大家一定要用"代码方式"写页面，而不是用"鼠标单击方式"写页面。

我自己从事前端开发很多年了，对实际工作还是非常清楚的。在真正的开发工作中，很少有前端工程师使用 Dreamweaver，更多的是使用 HBuilder、Sublime Text、Vscode、Webstorm。这里给初学者一个建议：使用 HBuilder，因为 HBuilder 上手最简单。学到后期，推荐使用 Vscode、Sublime Text 或 Webstorm，这 3 个更能满足真正的前端开发需要。

2.2 使用 HBuilder

不管使用哪款开发工具，在开发的时候，我们都需要新建一个 HTML 页面，然后再在这个页面中编写代码。

HBuilder 是专为前端打造的开发工具，上手非常快，也是初学者的首选。这一节我们来介绍一下怎么在 HBuilder 中新建一个 HTML 页面。

① **新建 Web 项目**：在 HBuilder 的左上方，依次单击【文件】→【新建】→【Web 项目】，如图 2-2 所示。

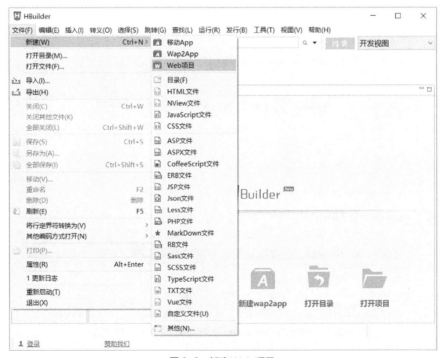

图 2-2 新建 Web 项目

② **选择文件路径及命名文件夹**：在对话框中，给文件夹命名，并且选择文件夹路径（也就是文件存放的位置）。然后单击【完成】按钮，如图 2-3 所示。

图 2-3　选择文件路径及命名文件夹

③ **新建 HTML 文件**：在 HBuilder 左侧的项目管理器中，选中 test 文件夹，然后单击右键，依次选择【新建】→【HTML 文件】，如图 2-4 所示。

图 2-4　新建 HTML 文件

④ **选择文件路径及给 HTML 文件命名**：在对话框中选择文件夹路径（也就是 HTML 文件存放的位置），并且给 HTML 文件填写一个名字（建议使用英文），然后单击【完成】按钮，如图 2-5 所示。

图 2-5 选择文件路径及给 HTML 文件命名

⑤ **预览页面**：在 HBuilder 上方工具栏中找到【预览】按钮，单击就可以在浏览器中查看页面效果了，如图 2-6 所示。

图 2-6 预览页面

最后，对于 HBuilder 的使用，还有两点要跟大家说明一下。

▶ 对于站点、文件、页面等的命名，不要使用中文，而应使用英文。因为，现在绝大多数操作系统都是英文的，如果使用中文，可能会导致无法识别。

▶ 对于 HBuilder 的使用，我们可以在 HBuilder 上方的工具栏中，依次选择【帮助】→【HBuilder 入门】，里面有比较详细的使用教程。

第 3 章

基本标签

3.1 HTML 结构

图 3-1 是 HTML 的基本结构，从中我们可以看出，一个页面是由 4 个部分组成的。

▶ 文档声明：<!DOCTYPE html>。

▶ html 标签对：<html></html>。

▶ head 标签对：<head></head>。

▶ body 标签对：<body></body>。

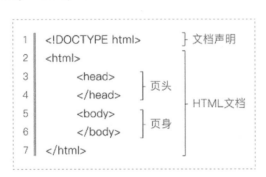

图 3-1 HTML 基本结构

　　一个完整的 HTML 页面，其实就是由一对对的标签组成的（当然也有例外）。接下来，我们简单介绍一下这 4 个部分的作用。

1. 文档声明

<!DOCTYPE html> 是一个文档声明，表示这是一个 HTML 页面。

2. HTML 标签

HTML 标签的作用，是告诉浏览器，这个页面是从 <html> 开始，然后到 </html> 结束的。在实际开发中，我们可能会经常看到这样一行代码。

```
<html xmlns="http://www.w3.org/1999/xhtml">
```

这句代码的作用是告诉浏览器，当前页面使用的是W3C的XHTML标准。这个我们了解即可，不用深究。一般情况下，我们不需要加上 xmlns="http://www.w3.org/1999/xhtml" 这一句。

3. head 标签

<head></head> 是网页的“头部”，用于定义一些特殊的内容，如页面标题、定时刷新、外部文件等。

4. body 标签

<body></body> 是网页的“身体”。对于一个网页来说，大部分代码都是在这个标签内部编写的。

此外，对于 HTML 结构，有以下 2 点要跟大家说明。

- 对于 HTML 结构，虽然大多数开发工具都会自动生成，但是作为初学者，大家一定要能够默写出来，这是需要记忆的（其实也很简单）。
- 记忆标签时，有一个小技巧：根据英文意思来记忆。比如 head 表示“页头”，body 表示“页身”。

下面我们使用 HBuilder 新建一个 HTML 页面，然后在里面输入以下代码。

```
<!DOCTYPE html>
<html>
<head>
    <title>这是网页的标题</title>
</head>
<body>
    <p>这是网页的内容</p>
</body>
</html>
```

浏览器预览效果如图 3-2 所示。

图 3-2 实际例子

◤ 分析

title 标签是 head 标签的内部标签，其中 <title></title> 标签内定义的内容是页面的标题。这个标题不是文章的标题，而是显示在浏览器栏目的那个标题。

    \<p>\</p> 是段落标签，用于定义一段文字。对于这些标签的具体用法，我们在后面章节会详细介绍，这里只需要简单了解就可以。

【解惑】

在初学阶段，想要熟练掌握 HTML 和 CSS，是不是应该使用记事本来编写呢？

    这是初学者最常问的一个问题。我的建议：完全没有必要！因为，使用开发工具编写，虽然有代码提示，但是随着你编写的代码越来越多，你可以牢牢地把 HTML 和 CSS 都记住的。

3.2　head 标签

在上一节中，我们学习了 HTML 页面的基本结构，也知道 head 标签是比较特殊的。事实上，只有一些特殊的标签才能放在 head 标签内，其他大部分标签都是放在 body 标签内的。

    这一节涉及的内容比较抽象，也缺乏实操性，因为这些标签都是在实战开发时才用得到，而练习中一般用不到。那么，为什么要在教程初期就给大家介绍 head 标签呢？其实，这也是为了让小伙伴们有一个清晰流畅的学习思路，先把"页头"学了，再来学"页身"。

    在这一节的学习中，我们只需要了解 head 标签内部都有哪些子标签，这些标签都有什么用就可以了。记不住没关系，至少有个大概的印象。等我们学到后面，需要用到的时候，再回来翻一下这里。

    在 HTML 中，一般来说，只有 6 个标签能放在 head 标签内。

- ▶ title 标签。
- ▶ meta 标签。
- ▶ link 标签。
- ▶ style 标签。
- ▶ script 标签。
- ▶ base 标签。

接下来，我们来给大家详细介绍这 6 个标签。

3.2.1　title 标签

在 HTML 中，title 标签唯一的作用就是定义网页的标题。

▚ 举例

```
<!DOCTYPE html>
<html>
<head>
    <title>绿叶学习网</title>
</head>
<body>
```

```
    <p>绿叶学习网，给你初恋般的前端教程。</p>
</body>
</html>
```

浏览器预览效果如图 3-3 所示。

图 3-3 title 标签

▶ 分析

在这个页面中，网页标题就是"绿叶学习网"。在学习的过程中，为了方便，我们没必要在每一个页面都写上 title。不过在实际开发中，是要求在每一个页面都写上 title 的。

3.2.2 meta 标签

在 HTML 中，meta 标签一般用于定义页面的特殊信息，如页面关键字、页面描述等。这些信息不是提供给用户看的，而是提供给搜索引擎蜘蛛（如百度蜘蛛、谷歌蜘蛛）看的。简单地说，meta 标签就是用来告诉"搜索蜘蛛"这个页面是做什么的。

其中，在 Web 技术中，我们一般形象地称搜索引擎为"搜索蜘蛛"或"搜索机器人"。

在 HTML 中，meta 标签有两个重要的属性：name 和 http-equiv。

1. name 属性

我们先来看一个简单实例，代码如下。

```
<!DOCTYPE html>
<html>
<head>
    <!--网页关键字-->
    <meta  name="keywords" content="绿叶学习网,前端开发,后端开发"/>
    <!--网页描述-->
    <meta  name="description" content="绿叶学习网是一个富有活力的Web技术学习网站"/>
    <!--本页作者-->
    <meta  name="author" content="helicopter">
    <!--版权声明-->
    <meta  name="copyright" content="本站所有教程均为原创,版权所有,禁止转载。否则必将追究法律责任。"/>
```

```
</head>
<body>
</body>
</html>
```

通过上面这个简单的例子，我们来总结一下 meta 标签的 name 属性的几个取值，如表 3-1 所示。

表 3-1　name 属性取值

属性值	说明
keywords	网页的关键字，可以是多个
description	网页的描述
author	网页的作者
copyright	版权信息

表 3-1 只是列举了最常用的几个属性值。在实际开发中，我们一般只会用到 keywords 和 description。也就是说记住这两个就可以了，其他的都不用考虑。

2. http-equiv 属性

在 HTML 中，meta 标签的 http-equiv 属性只有两个重要作用：定义网页所使用的编码，定义网页自动刷新跳转。

定义网页所使用的编码

▛ **语法**

```
<meta http-equiv="Content-Type" content="text/html; charset=utf-8"/>
```

▛ **说明**

这段代码告诉浏览器，该页面所使用的编码是 utf-8。不过在 HTML5 标准中，上面这句代码可以简写成下面这样。

```
<meta charset="utf-8"/>
```

如果你发现页面打开是乱码，很可能就是没有加上这一句代码。在实际开发中，为了确保不出现乱码，我们必须要在每一个页面中加上这句代码。

定义网页自动刷新跳转

▛ **语法**

```
<meta  http-equiv="refresh" content="6;url=http://www.lvyestudy.com"/>
```

▛ **说明**

这段代码表示当前页面在 6 秒后会自动跳转到 http://www.lvyestudy.com 这个页面。实际上，很多"小广告"网站就是用这种方式来实现页面定时跳转的。

▛ **举例**

```
<!DOCTYPE html>
```

```
<html >
<head>
    <meta  http-equiv="refresh" content="6;url=http://www.lvyestudy.com"/>
</head>
<body>
    <p>这个页面在6秒之后自动跳转到绿叶学习网首页</p>
</body>
</html>
```

▼ 分析

我们可以在 HBuilder 中输入这段代码，然后在浏览器中打开，6 秒后，页面就会跳转到绿叶学习网首页。

3.2.3　style 标签

在 HTML 中，style 标签用于定义元素的 CSS 样式，在 HTML 中不需要深入研究，等学到了 CSS 时我们再详细介绍。

▼ 语法

```
<!DOCTYPE html>
<html >
<head>
    <style type="text/css">
        /*这里写CSS样式 */
    </style>
</head>
<body>
</body>
</html>
```

3.2.4　script 标签

在 HTML 中，script 标签用于定义页面的 JavaScript 代码，也可以引入外部 JavaScript 文件。等学到了 JavaScript 时我们会详细介绍，这里不需要深究。

▼ 语法

```
<!DOCTYPE html>
<html >
<head>
    <script>
        /*这里写JavaScript代码 */
    </script>
</head>
<body>
</body>
</html>
```

3.2.5　link 标签

在 HTML 中，link 标签用于引入外部样式文件（CSS 文件）。这也是属于 CSS 部分的内容，这里不需要深究。

▶ 语法

```
<!DOCTYPE html>
<html >
<head>
    <link type="text/css" rel="stylesheet" href="css/index.css">
</head>
<body>
</body>
</html>
```

3.2.6　base 标签

这个标签一点意义都没有，可以直接忽略，我们只需要知道有这么一个标签就行了。

3.3　body 标签

在 HTML 中，head 标签表示页面的"头部"，而 body 标签表示页面的"身体"。

在后面的章节中，我们学习的所有标签都是位于 body 标签内部的。

之前我们已经接触过 body 标签，下面再来看一个简单例子。

▶ 举例

```
<!DOCTYPE html>
<html>
<head>
    <meta charset="utf-8" />
    <title>body标签</title>
</head>
<body>
    <h3>静夜思</h3>
    <p>床前明月光，疑是地上霜。</p>
    <p>举头望明月，低头思故乡。</p>
</body>
</html>
```

浏览器预览效果如图 3-4 所示。

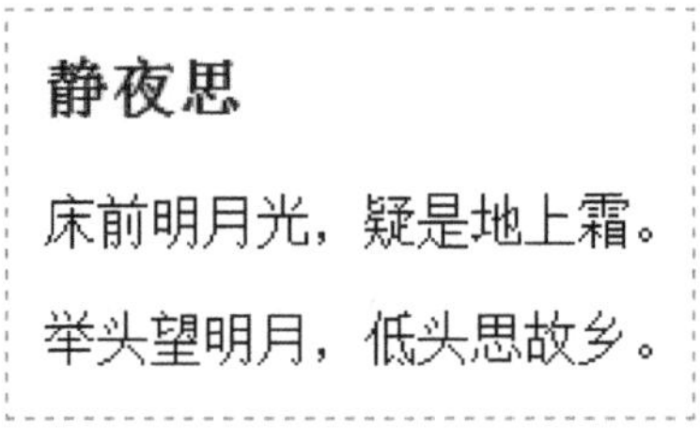

静夜思

床前明月光，疑是地上霜。

举头望明月，低头思故乡。

图 3-4　body 标签

▌ 分析

<meta charset="utf-8" /> 的作用是防止页面出现乱码，在每一个 HTML 页面中，我们都要加上这句代码。此外，<meta charset="utf-8" /> 这一句必须放在 title 标签以及其他 meta 标签前面，这一点大家要记住。

h3 标签是一个"第 3 级标题标签"，一般用于显示"标题内容"，在后面"4.2 标题标签"这一节中我们再给大家详细介绍。

3.4　HTML 注释

在实际开发中，我们需要在一些关键的 HTML 代码旁边标明一下这段代码是干什么的，这个时候就要用到"HTML 注释"了。

在 HTML 中，对一些关键代码进行注释有很多好处，如方便理解、方便查找以及方便同一个项目组的人员快速理解你的代码。

▌ 语法

```
<!--注释的内容-->
```

▌ 说明

<!---->又叫注释标签。<!-- 表示注释的开始，--> 表示注释的结束。

▌ 举例

```
<!DOCTYPE html>
<html>
<head>
    <meta charset="utf-8" />
    <title>HTML注释</title>
</head>
<body>
    <h3>静夜思</h3>                 <!--标题标签-->
    <p>床前明月光，疑是地上霜。</p>      <!--文本标签-->
    <p>举头望明月，低头思故乡。</p>      <!--文本标签-->
</body>
</html>
```

在浏览器的预览效果如图 3-5 所示。

静夜思

床前明月光，疑是地上霜。

举头望明月，低头思故乡。

图 3-5 HTML 注释

分析

从上面我们可以看出，用“<!--”和“-->”注释的内容不会显示在浏览器中。在 HTML 中，浏览器遇到 HTML 标签就会进行解释，然后显示 HTML 标签中的内容。但是浏览器遇到“注释标签”就会自动跳过，因此不会显示注释标签中的内容。或者我们可以这样理解，HTML 标签是给浏览器看的，注释标签是给程序员看的。

为关键代码添加注释是一个良好的编程习惯。在实际开发中，对功能模块代码进行注释尤为重要。因为一个页面的代码往往都是几百上千行，如果你不对关键代码进行注释，那么回头去看自己写的代码时，都会看不懂，更别说团队开发了。不注释的后果是，当其他队友来维护你的项目时，需要花大量时间来理解你的代码，这样时间成本会很高。

此外要说明的是，并不是每一行代码都需要注释。只有重要的、关键的代码才需要注释。

3.5 本章练习

一、单选题

1. 下面哪一个标签不能放在 head 标签内？（　　）

   A. title 标签　　B. style 标签

   C. body 标签　　D. script 标签

2. 如果网页中出现乱码，我们一般使用（　　）来解决。

   A. <meta charset="utf-8" />

   B. <style type="text/css"></style>

   C. <script></script>

   D. <link type="text/css" rel="stylesheet" href="css/index.css">

3. 下面选项中，属于 HTML 正确注释方式的是（　　）。

   A. // 注释内容　　B. /* 注释内容 */

   C. <!-- 注释内容 -->　　D. // 注释内容 //

二、编程题

不借助开发工具代码提示，默写 HTML 基本结构。

注：本书所有练习题的答案请见本书的配套资源，配套资源的具体下载方式见前言。

第 4 章
文本

4.1 文本简介

4.1.1 页面组成元素

在 HTML 中，我们主要学习怎么来做一个静态页面。从我们平常浏览网页的经验中可知，大多数静态页面都是由以下 4 种元素组成的。

- ▶ 文字。
- ▶ 图片。
- ▶ 超链接。
- ▶ 音频和视频。

因此，如果要开发一个页面，就得认真学习用来展示这些内容的标签。

此外，我们还需要注意一点：不是"会动"的页面就叫动态页面。静态页面和动态页面的区别在于**是否与服务器进行数据交互**。下面列出的 5 种情况都不一定是动态页面。

- ▶ 带有音频和视频。
- ▶ 带有 Flash 动画。
- ▶ 带有 CSS 动画。
- ▶ 带有 JavaScript 特效。

特别提醒大家一下，即使你的页面用了 JavaScript，也不是动态页面，除非你还用到了后端技术。之前记得有小伙伴学了点 JavaScript 特效就到处炫耀自己会做动态页面了，其实他连静态页面和动态页面都没分清。

4.1.2 HTML 文本

我们先来看一个纯文本的网页，如图 4-1 所示，然后通过分析这个网页，得出在"文本"这一章我们究竟要学什么内容。

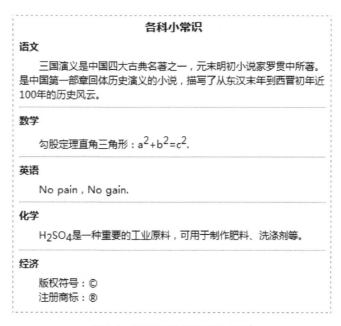

图 4-1　纯文本网页（没有加入分析）

▰ 分析

通过对该网页进行分析（如图 4-2 所示），我们可以知道，在这一章中至少要学习以下 6 个方面的内容。

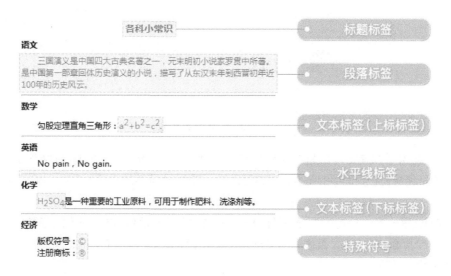

图 4-2　纯文本网页（加入分析）

- ▸ 标题标签。
- ▸ 段落标签。
- ▸ 换行标签。
- ▸ 文本标签。
- ▸ 水平线标签。
- ▸ 特殊符号。

在这一章的学习中，别忘了多与上面这个分析图进行对比，然后看看我们都学了哪些内容。学完这一章，我们最基本的任务就是把这个纯文本网页做出来，加油!

4.2 标题标签

图 4-3 是绿叶学习网（本书配套网站）中的一个页面，我们从中可以看出：对于一个 HTML 页面来说，一般都会有各种级别的标题。

3.4 HTML注释

作者(helicopter)　赞(37)　浏览(27216)　评论(24)　说明:原创教程，禁止转载

一、HTML注释简介

在编写HTML代码时，我们经常要在一些关键代码旁做一下注释，这样做的好处很多，比如：方便理解、方便查找或方便项目组里的其它程序员了解你的代码，而且可以方便以后你对自己代码进行修改。

语法:

<!--注释的内容-->

说明:

"<!--"表示注释的开始，"-->"表示注释的结束。

举例:

```
1  <!DOCTYPE html>
2  <html xmlns="http://www.w3.org/1999/xhtml">
3      <head>
4          <title></title>
5      </head>
6      <body>
7          <h6>静夜思</h6>                    <!--标题标签-->
8          <p>床前明月光，疑是地上霜。</p>      <!--文本标签-->
9          <p>举头望明月，低头思故乡。</p>      <!--文本标签-->
10     </body>
11 </html>
```

图 4-3　绿叶学习网的教程页面

在 HTML 中，共有 6 个级别的标题标签：h1、h2、h3、h4、h5、h6。其中 h 是 header 的缩写。6 个标题标签在页面中的重要性是有区别的，其中 h1 标签的重要性最高，h6 标签的重要性最低。

这里要注意一下，一个页面一般只能有一个 h1 标签，而 h2 到 h6 标签可以有多个。其中，h1 表示的是这个页面的大标题。就像写作文一样，你见过哪篇作文有两个大标题吗? 但是，一篇作文却可以有多个小标题。

▰ **举例**

```
<!DOCTYPE html>
<html>
<head>
    <meta charset="utf-8" />
    <title>标题标签</title>
</head>
<body>
    <h1>这是一级标题</h1>
    <h2>这是二级标题</h2>
    <h3>这是三级标题</h3>
    <h4>这是四级标题</h4>
    <h5>这是五级标题</h5>
    <h6>这是六级标题</h6>
</body>
</html>
```

浏览器预览效果如图 4-4 所示。

图 4-4 标题标签

▰ **分析**

从预览图可以看出，标题标签的级别越大，字体也越大。标题标签 h1~h6 也是有一定顺序的，h1 用于大标题，h2 用于二级标题……以此类推。在一个 HTML 页面中，这 6 个标题标签不需要全部都用上，而是应该根据需要来决定使用。

h1~h6 标题标签看起来很简单，但是在搜索引擎优化中却扮演着非常重要的角色。对于这些深入的内容，如果放在这里讲解，估计大家会看得一头雾水。因此，我们放到本系列书进阶篇的《从0 到 1: CSS 进阶之旅》中再做详细介绍。

【解惑】

有些初学者很容易将 title 标签和 h1 标签混淆，认为网页不是有 title 标签来定义标题吗？为什么要用 h1 标签呢？

title 标签和 h1 标签是不一样的。title 标签用于显示地址栏的标题，而 h1 标签用于显示文章的标题，如图 4-5 所示。

图 4-5　区分 title 标签和 h1 标签

4.3　段落标签

4.3.1　段落标签 <p></p>

在 HTML 中，我们可以使用"p 标签"来显示一段文字。

▼ 语法

```
<p>段落内容</p>
```

▼ 举例

```
<!DOCTYPE html>
<html>
<head>
    <meta charset="utf-8" />
    <title>段落标签</title>
</head>
<body>
    <h3>爱莲说</h3>
    <p>水陆草木之花，可爱者甚蕃。晋陶渊明独爱菊。自李唐来，世人甚爱牡丹。予独爱莲之出淤泥而不染，濯清涟而不妖，中通外直，不蔓不枝，香远益清，亭亭净植，可远观而不可亵玩焉。</p>
    <p>予谓菊，花之隐逸者也；牡丹，花之富贵者也；莲，花之君子者也。噫！菊之爱，陶后鲜有闻；莲之爱，同予者何人？牡丹之爱，宜乎众矣。</p>
</body>
</html>
```

浏览器的预览效果如图 4-6 所示。

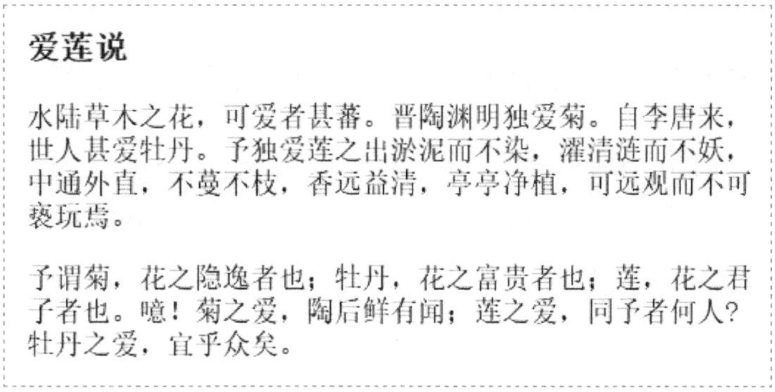

爱莲说

水陆草木之花，可爱者甚蕃。晋陶渊明独爱菊。自李唐来，世人甚爱牡丹。予独爱莲之出淤泥而不染，濯清涟而不妖，中通外直，不蔓不枝，香远益清，亭亭净植，可远观而不可亵玩焉。

予谓菊，花之隐逸者也；牡丹，花之富贵者也；莲，花之君子者也。噫！菊之爱，陶后鲜有闻；莲之爱，同予者何人？牡丹之爱，宜乎众矣。

图4-6　p标签效果

▌ **分析**

从上面的预览效果可以看出，段落标签会自动换行，并且段落与段落之间有一定的间距。

到这里，可能有些小伙伴会问："如果想要改变文字的颜色和大小，该怎么做呢？"大家别忘了：**HTML 用于控制网页的结构，CSS 用于控制网页的外观**。文字的颜色和大小属于网页的外观，这些都是与 CSS 有关的内容。在 HTML 学习中，只需要关心用什么标签就行了。对于外观的控制，我们在本书的 CSS 部分中再给大家详细介绍。

4.3.2　换行标签

从上面我们知道，段落标签是会自动换行的。那么，如果想随意地对文字进行换行处理，可以怎么做呢？大家先来看一段代码。

▌ **举例**

```
<!DOCTYPE html>
<html>
<head>
    <meta charset="utf-8" />
    <title>换行标签</title>
</head>
<body>
    <h3>静夜思</h3>
    <p>床前明月光，疑是地上霜。举头望明月，低头思故乡。</p>
</body>
</html>
```

浏览器预览效果如图 4-7 所示。

静夜思

床前明月光，疑是地上霜。举头望明月，低头思故乡。

图4-7　一段文本

▚ 分析

如果想对上面的诗句进行换行，有两种方法：一种是"使用两个 p 标签"，另外一种是"使用 br 标签"。

在 HTML 中，我们可以使用 br 标签来给文字换行。其中
 是自闭合标签，br 是 break（换行）的缩写。对于自闭合标签，我们在后面"4.7 自闭合标签"这一节再给大家详细介绍。

▚ 举例：使用两个 p 标签

```
<!DOCTYPE html>
<html>
<head>
    <meta charset="utf-8" />
    <title></title>
</head>
<body>
    <h3>静夜思</h3>
    <p>床前明月光，疑是地上霜。</p>
    <p>举头望明月，低头思故乡。</p>
</body>
</html>
```

浏览器预览效果如图 4-8 所示。

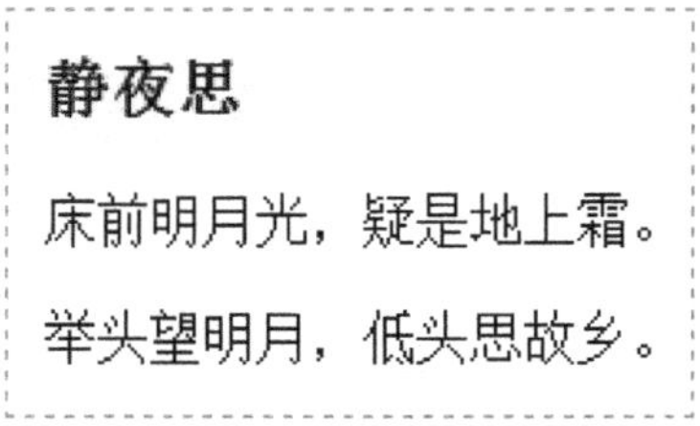

静夜思

床前明月光，疑是地上霜。

举头望明月，低头思故乡。

图 4-8　使用 p 标签

▚ 举例：使用 br 标签

```
<!DOCTYPE html>
<html>
<head>
    <meta charset="utf-8" />
    <title>换行标签</title>
</head>
<body>
    <h3>静夜思</h3>
    <p>床前明月光，疑是地上霜。<br/>举头望明月，低头思故乡。</p>
</body>
</html>
```

浏览器预览效果如图 4-9 所示。

静夜思

床前明月光，疑是地上霜。
举头望明月，低头思故乡。

图 4-9　使用 br 标签

▶ **分析**

从上面两个例子可以明显看出：使用 p 标签会导致段落与段落之间有一定的间隙，而使用 br 标签则不会。

br 标签是用来给文字**换行**的，而 p 标签是用来给文字**分段**的。如果你的内容是两段文字，则不需要使用 br 标签换行那么麻烦，而是直接用两个 p 标签就可以了。

4.4　文本标签

在 HTML 中，我们可以使用"文本标签"来对文字进行修饰，如粗体、斜体、上标、下标等。常用的文本标签有以下 8 种。

- ▶ 粗体标签：strong、b。
- ▶ 斜体标签：i、em、cite。
- ▶ 上标标签：sup。
- ▶ 下标标签：sub。
- ▶ 中划线标签：s。
- ▶ 下划线标签：u。
- ▶ 大字号标签：big。
- ▶ 小字号标签：small。

4.4.1　粗体标签

在 HTML 中，我们可以使用"strong 标签"或"b 标签"来对文本进行加粗。

▶ **举例**

```
<!DOCTYPE html>
<html>
<head>
    <meta charset="utf-8" />
    <title>粗体标签</title>
</head>
<body>
    <p>这是普通文本</p>
    <strong>这是粗体文本</strong><br/>
```

```
    <b>这是粗体文本</b>
</body>
</html>
```

浏览器预览效果如图 4-10 所示。

这是普通文本

这是粗体文本
这是粗体文本

图 4-10　粗体标签效果

▌ 分析

从预览图可以看出，strong 标签和 b 标签的加粗效果是一样的。在实际开发中，如果想要对文本实现加粗效果，尽量使用 strong 标签，而不要使用 b 标签。这是因为 strong 标签比 b 标签更具有语义性。

此外，大家可以尝试把上面代码中的
 去掉，再看看预览效果是怎样的。

4.4.2　斜体标签

在 HTML 中，我们可以使用 i 标签、em 标签或 cite 标签来实现文本的斜体效果。

▌ 举例

```
<!DOCTYPE html>
<html>
<head>
    <meta charset="utf-8" />
    <title>斜体标签</title>
</head>
<body>
    <i>斜体文本</i><br/>
    <em>斜体文本</em><br/>
    <cite>斜体文本</cite>
</body>
</html>
```

浏览器预览效果如图 4-11 所示。

斜体文本
斜体文本
斜体文本

图 4-11　斜体标签效果

▼ 分析

在实际开发中，如果想要实现文本的斜体效果，尽量使用 em 标签，而不要用 i 标签或 cite 标签。这也是因为 em 标签比其他两个标签的语义性更好。

此外，大家可以尝试把上面代码中的
 去掉，再看看预览效果是怎样的。

4.4.3 上标标签

在 HTML 中，我们可以使用"sup 标签"来实现文本的上标效果。sup，是 superscripted（上标）的缩写。

▼ 举例

```
<!DOCTYPE html>
<html>
<head>
    <meta charset="utf-8" />
    <title>上标标签</title>
</head>
<body>
    <p>(a+b)<sup>2</sup>=a<sup>2</sup>+b<sup>2</sup>+2ab</p>
</body>
</html>
```

浏览器预览效果如图 4-12 所示。

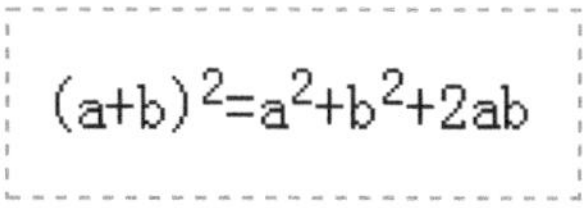

$$(a+b)^2=a^2+b^2+2ab$$

图 4-12 sup 标签效果

▼ 分析

如果你想要将某个数字或某些文字变成上标，只要把这个数字或文字放在 标签内就可以了。

4.4.4 下标标签

在 HTML 中，我们可以使用"sub 标签"来实现文本的下标效果。sub，是 subscripted（下标）的缩写。

▼ 举例

```
<!DOCTYPE html>
<html>
<head>
    <meta charset="utf-8" />
```

```
    <title>下标标签</title>
</head>
<body>
    <p>H<sub>2</sub>SO<sub>4</sub>指的是硫酸分子</p>
</body>
</html>
```

浏览器预览效果如图 4-13 所示。

$$H_2SO_4指的是硫酸分子$$

图 4-13   sub 标签效果

� 分析

如果你想要将某个数字或某些文字变成下标，只要把这个数字或文字放在 标签内就可以了。

4.4.5   中划线标签

在 HTML 中，我们可以使用"s 标签"来实现文本的中划线效果。

▼ 举例

```
<!DOCTYPE html>
<html>
<head>
    <meta charset="utf-8" />
    <title>删除线标签</title>
</head>
<body>
    <p>新鲜的新西兰奇异果</p>
    <p><s>原价：￥6.50/kg</s></p>
    <p><strong>现在仅售：￥4.00/kg</strong></p>
</body>
</html>
```

浏览器预览效果如图 4-14 所示。

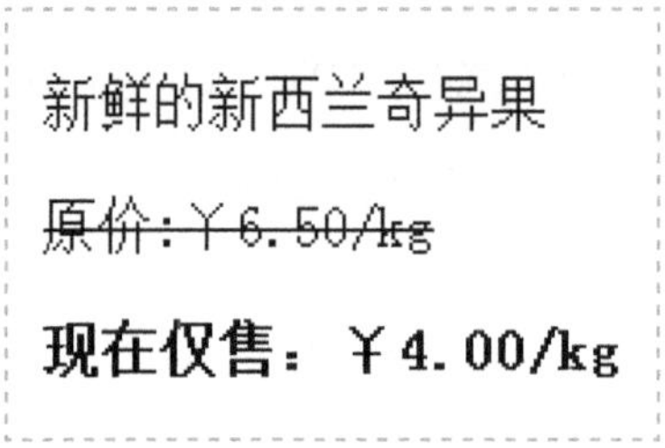

新鲜的新西兰奇异果

原价：￥6.50/kg

现在仅售：￥4.00/kg

图 4-14   s 标签效果

分析

中划线效果一般用于显示那些不正确或者不相关的内容，常用于商品促销的标价中。大家在各种电商网站购物时，肯定经常可以见到这种效果。

不过等学了 CSS 之后，对于删除线效果，一般会用 CSS 来实现，几乎不会用 s 标签来实现。

4.4.6 下划线标签

在 HTML 中，我们可以使用“u 标签”来实现文本的下划线效果。

举例

```
<!DOCTYPE html>
<html>
<head>
    <meta charset="utf-8" />
    <title>下划线标签</title>
</head>
<body>
    <p><u>绿叶学习网</u>是一个精品的技术分享网站。</p>
</body>
</html>
```

浏览器预览效果如图 4-15 所示。

图 4-15 u 标签效果

分析

等学了 CSS 之后，对于下划线效果，一般会用 CSS 来实现，几乎不会用 u 标签来实现。

4.4.7 大字号标签和小字号标签

在 HTML 中，我们可以使用“big 标签”来实现字体的变大效果，还可以使用“small 标签”来实现字体的变小效果。

举例

```
<!DOCTYPE html>
<html>
<head>
    <meta charset="utf-8" />
    <title>big标签和small标签</title>
</head>
<body>
    <p>普通字体文本 </p>
```

```
    <big>大字号文本</big><br/>
    <small>小字号文本</small>
</body>
</html>
```

浏览器预览效果如图 4-16 所示。

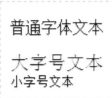

图 4-16　big 标签和 small 标签效果

▰ 分析

在实际开发中，对于字体大小的改变，我们几乎不会用 big 标签和 small 标签来实现，而是使用 CSS 来实现，因此这里只需要简单了解一下即可。

在这一节中，我们只需要掌握表 4-1 中的几个重要标签就可以了，其他标签的效果完全可以使用 CSS 来实现，因此可以直接忽略。

表 4-1　重要的文本标签

标签	语义	说明
strong	strong（强调）	粗体
em	emphasized（强调）	斜体
sup	superscripted（上标）	上标
sub	subscripted（下标）	下标

此外还要说一下，这些标签是需要记忆的。小伙伴们可以根据标签的语义（也就是英文意思）来辅助记忆，这是最有效的记忆方法。

4.5　水平线标签

在 HTML 中，我们可以使用"hr 标签"来实现一条水平线的效果。hr，是 horizon（水平线）的缩写。

▰ 语法

```
<hr/>
```

▰ 举例

```
<!DOCTYPE html>
<html>
<head>
    <meta charset="utf-8" />
    <title>水平线标签</title>
```

```
</head>
<body>
    <h3>静夜思</h3>
    <p>床前明月光，疑是地上霜。</p>
    <p>举头望明月，低头思故乡。</p>
    <hr/>
    <h3>春晓</h3>
    <p>春眠不觉晓，处处闻啼鸟。</p>
    <p>夜来风雨声，花落知多少。</p>
</body>
</html>
```

浏览器预览效果如图 4-17 所示。

静夜思

床前明月光，疑是地上霜。

举头望明月，低头思故乡。

—————————————————

春晓

春眠不觉晓，处处闻啼鸟。

夜来风雨声，花落知多少。

图 4-17　hr 标签

▌ 分析

像绿叶学习网上面的很多水平线效果，其实都可以使用 hr 标签来实现。

4.6　div 标签

在 HTML 中，我们可以使用"div 标签"来划分 HTML 结构，从而配合 CSS 来整体控制某一块的样式。

div，全称 division（分区），用来划分一个区域。我们常见的"div+css"中的"div"指的就是这一节介绍的 div 标签。其中，div 标签内部可以放入绝大多数其他的标签，如 p 标签、strong 标签和 hr 标签等。

▌ 举例

```
<!DOCTYPE html>
<html>
<head>
    <meta charset="utf-8" />
    <title>div标签</title>
</head>
<body>
    <!--这是第一首诗-->
    <h3>静夜思</h3>
    <p>床前明月光，疑是地上霜。</p>
```

```
    <p>举头望明月，低头思故乡。</p>
    <hr/>
    <!--这是第二首诗-->
    <h3>春晓</h3>
    <p>春眠不觉晓，处处闻啼鸟。</p>
    <p>夜来风雨声，花落知多少。</p>
</body>
</html>
```

浏览器预览效果如图 4-18 所示。

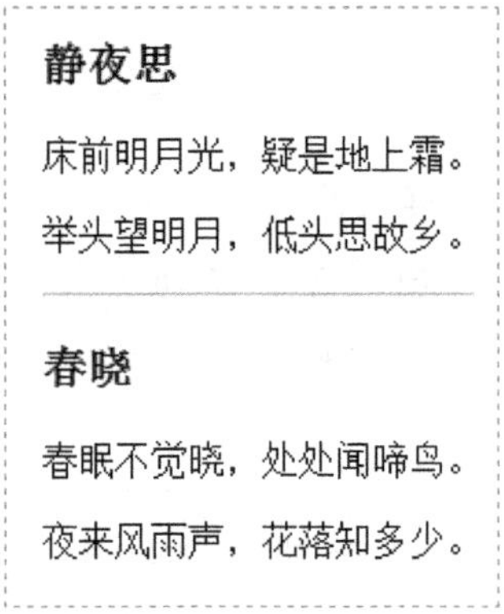

静夜思

床前明月光，疑是地上霜。

举头望明月，低头思故乡。

———————————————

春晓

春眠不觉晓，处处闻啼鸟。

夜来风雨声，花落知多少。

图 4-18　没有加入 div 标签的效果

▶ 分析

对于上面这段代码，我们发现 HTML 代码结构比较凌乱。下面我们可以使用 div 标签来划分一下区域，代码如下。

```
<!DOCTYPE html>
<html>
<head>
    <meta charset="utf-8" />
    <title>div标签</title>
</head>
<body>
    <!--这是第一首诗-->
    <div>
        <h3>静夜思</h3>
        <p>床前明月光，疑是地上霜。</p>
        <p>举头望明月，低头思故乡。</p>
    </div>
    <hr/>
    <!--这是第二首诗-->
    <div>
        <h3>春晓</h3>
        <p>春眠不觉晓，处处闻啼鸟。</p>
        <p>夜来风雨声，花落知多少。</p>
    </div>
</body>
</html>
```

这两段代码的预览效果是一样的，不过实际代码却不一样。使用 div 标签来划分区域，使得代码更具有逻辑性。当然，div 标签最重要的用途是划分区域，然后结合 CSS 针对该区域进行样式控制，这一点等我们学了 CSS 就知道了。

4.7　自闭合标签

在前面的学习中，我们接触的大部分标签都是成对出现的，这些标签都有一个"开始符号"和一个"结束符号"。不过细心的小伙伴也发现了，有些标签是没有结束符号的，如
 和 <hr/>。

在 HTML 中，标签分为两种：一般标签和自闭合标签。那么它们之间有什么区别呢？我们先来看一个例子。

▌ 举例

```
<!DOCTYPE html>
<html>
<head>
    <meta charset="utf-8" />
    <title>自闭合标签</title>
</head>
<body>
    <div>
        <h3>绿叶学习网</h3>
        <hr/>
        <p>"绿叶，给你初恋般的感觉。"</p>
    </div>
</body>
</html>
```

浏览器预览效果如图 4-19 所示。

绿叶学习网

"绿叶，给你初恋般的感觉。"

图 4-19　自闭合标签

▌ 分析

从上面的代码我们可以看出，div 标签的"开始符号"和"结束符号"之间是可以插入其他标签或文字的，但是 meta 标签和 hr 标签中不能插入其他标签或文字。

现在我们来总结一下"一般标签"和"自闭合标签"的特点。

▶ **一般标签**：由于有开始符号和结束符号，因此可以在内部插入其他标签或文字。

▶ **自闭合标签**：由于只有开始符号而没有结束符号，因此不可以在内部插入标签或文字。所谓的"自闭合"，指的是本来要用一个配对的结束符号来关闭，然而它却"自己"关闭了。

在 HTML 中，常见的自闭合标签如表 4-2 所示。

表 4-2　自闭合标签

标签	说明
<meta/>	定义网页的信息（供搜索引擎查看）
<link/>	引入"外部 CSS 文件"
 	换行标签
<hr/>	水平线标签
<img/>	图片标签
<input/>	表单标签

这里列举的这些标签，是为了方便小伙伴们了解，而不是让大家去记忆的。把 HTML 标签分为"一般标签"和"自闭合标签"，可以让大家对 HTML 标签有更深入的认识。上表中有些标签还没学过，我们在后面会给大家详细介绍。

4.8　块元素和行内元素

块元素和行内元素，是 HTML 中极其重要的概念，同时也是学习 CSS 的重要基础知识。对于这一节的内容，小伙伴们要重点掌握，千万不要跳过了。

在之前的学习中，小伙伴们可能会发现：在浏览器预览效果，有些元素是独占一行的，其他元素不能与这个元素位于同一行，如 p、div、hr 等；而有些元素不是独占一行的，其他元素可以与这个元素位于同一行，如 strong、em 等。特别注意一下，这里所谓的"独占一行"，并不是在 HTML 代码里独占一行，而是在浏览器显示效果中独占一行。

其中，标签也叫作"元素"，如 p 标签又叫 p 元素。叫法不同，意思相同。这一节使用"元素"来称呼，也是让大家熟悉这两种叫法。

在 HTML 中，根据元素的表现形式，一般可以分为两类（暂时不考虑 inline-block）。

▶ 块元素（block）。

▶ 行内元素（inline）。

4.8.1　块元素

在 HTML 中，块元素在浏览器显示状态下将占据整一行，并且排斥其他元素与其位于同一行。一般情况下，块元素内部可以容纳其他块元素和行内元素。HTML 常见的块元素如表 4-3 所示。

表 4-3　HTML 中常见的块元素

块元素	说明
h1~h6	标题元素
p	段落元素
div	div 元素
hr	水平线
ol	有序列表
ul	无序列表

表4-3列举的是HTML入门阶段常见的块元素，并不是全部。光说不练假把式，咱们还是先来看一个例子。

▌ 举例

```
<!DOCTYPE html>
<html>
<head>
    <meta charset="utf-8" />
    <title>块元素和行内元素</title>
</head>
<body>
    <div>
        <h3>绿叶学习网</h3>
        <p>"绿叶，给你初恋般的感觉。"</p>
        <strong>绿叶学习网</strong>
        <em>"绿叶，给你初恋般的感觉。"</em>
    </div>
</body>
</html>
```

浏览器预览效果如图4-20所示。

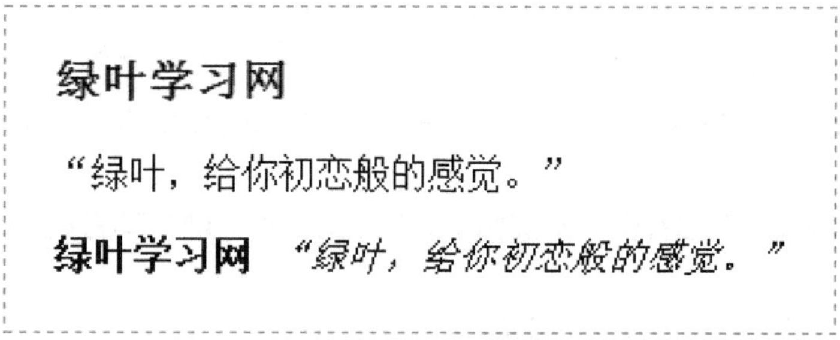

绿叶学习网

"绿叶，给你初恋般的感觉。"

绿叶学习网　　"绿叶，给你初恋般的感觉。"

图4-20　块元素和行内元素

▌ 分析

图4-21　分析图

如图4-21所示，为每一个元素加入虚线框来分析它们的结构，从中我们可以得出以下结论。

▶ h3和p是块元素，它们的显示效果都是独占一行的，并且排斥任何元素与它们位于同一行；strong和em是行内元素，即使代码不位于同一行，它们的显示效果也是位于同一行的（显示效果与代码是否位于同一行没有关系)。

▸ h3、p、strong 和 em 元素都是在 div 元素内部的, 也就是说, 块元素内部可以容纳其他块元素和行内元素。

由此, 我们可以总结出块元素具有以下两个特点。

▸ 块元素独占一行, 排斥其他元素 (包括块元素和行内元素) 与其位于同一行。

▸ 块元素内部可以容纳其他块元素和行内元素。

4.8.2　行内元素

在 HTML 中, 行内元素与块元素恰恰相反, 行内元素是可以与其他行内元素位于同一行的。此外, 行内元素内部 (标签内部) 只可以容纳其他行内元素, 不可以容纳块元素。HTML 中常见的行内元素如表 4-4 所示。

表 4-4　HTML 中常见的行内元素

行内元素	说明
strong	粗体元素
em	斜体元素
a	超链接
span	常用行内元素, 结合 CSS 定义样式

在学完 CSS 之后, 建议再回头看一下这一节, 相信大家就会对块元素和行内元素有非常深的了解。

对于行内元素效果, 可以看块元素的例子, 从这个例子中, 我们可以总结出行内元素具有以下两个特点。

▸ 行内元素可以与其他行内元素位于同一行。

▸ 行内元素内部可以容纳其他行内元素, 但不可以容纳块元素。

块元素和行内元素非常复杂, 大家在这一节重点理解其概念就行了, 不需要去记忆块元素有哪些、行内元素有哪些。

4.9　特殊符号

4.9.1　网页中的 "空格"

在网页排版中, 为了让段落美观一些, 我们都会让每一个段落的首行缩进两个字的空格。不过在默认情况下, p 标签的段落文字的 "首行" 是不会缩进的, 下面先来看一个例子。

� 举例

```
<!DOCTYPE html>
<html>
```

```
<head>
    <meta charset="utf-8" />
    <title> 网页中的"空格"</title>
</head>
<body>
    <h3>爱莲说</h3>
    <p>水陆草木之花，可爱者甚蕃。晋陶渊明独爱菊。自李唐来，世人甚爱牡丹。予独爱莲之出淤泥而不染，濯清涟
而不妖，中通外直，不蔓不枝，香远益清，亭亭净植，可远观而不可亵玩焉。</p>
    <p>予谓菊，花之隐逸者也；牡丹，花之富贵者也；莲，花之君子者也。噫！菊之爱，陶后鲜有闻；莲之爱，同予
者何人？牡丹之爱，宜乎众矣。</p>
</body>
</html>
```

浏览器预览效果如图 4-22 所示。

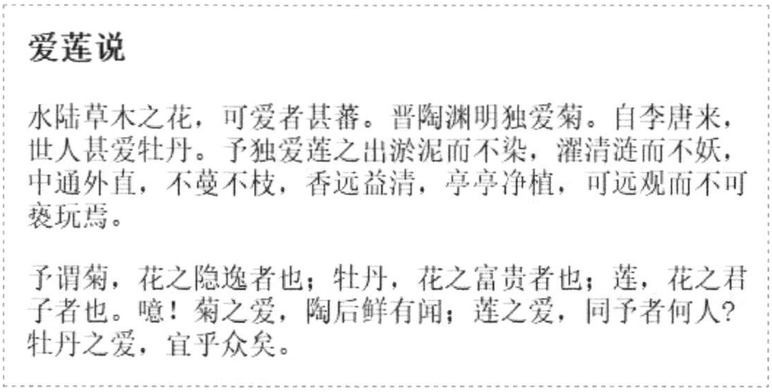

爱莲说

水陆草木之花，可爱者甚蕃。晋陶渊明独爱菊。自李唐来，世人甚爱牡丹。予独爱莲之出淤泥而不染，濯清涟而不妖，中通外直，不蔓不枝，香远益清，亭亭净植，可远观而不可亵玩焉。

予谓菊，花之隐逸者也；牡丹，花之富贵者也；莲，花之君子者也。噫！菊之爱，陶后鲜有闻；莲之爱，同予者何人？牡丹之爱，宜乎众矣。

图 4-22　段落效果

◤ 分析

如果要让每一个段落的首行都缩进两个字的空格，我们可能会想通过在代码中按下"space 键"来实现。事实上，这是无效的做法。在 HTML 中，空格也是需要用代码来实现的。其中，空格的代码是" "。

◤ 举例

```
<!DOCTYPE html>
<html>
<head>
    <meta charset="utf-8" />
    <title> 网页中的"空格"</title>
</head>
<body>
    <h3>爱莲说</h3>
    <p>           水陆草木之花，可爱者甚蕃。晋陶渊明独爱菊。自李
唐来，世人甚爱牡丹。予独爱莲之出淤泥而不染，濯清涟而不妖，中通外直，不蔓不枝，香远益清，亭亭净植，可远观而不可
亵玩焉。</p>
    <p>           予谓菊，花之隐逸者也；牡丹，花之富贵者也；莲，
花之君子者也。噫！菊之爱，陶后鲜有闻；莲之爱，同予者何人？牡丹之爱，宜乎众矣。</p>
</body>
</html>
```

浏览器预览效果如图 4-23 所示。

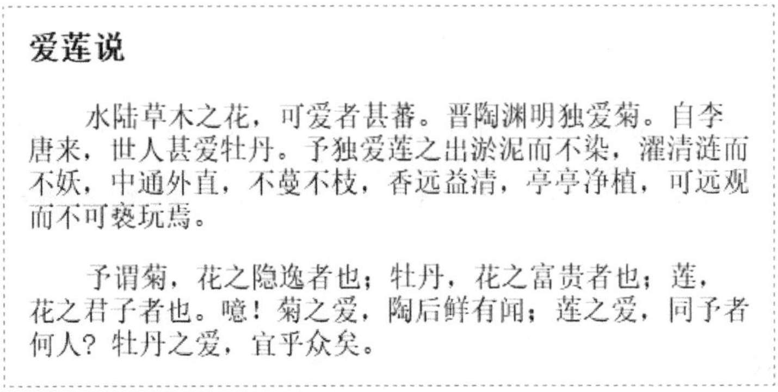

图 4-23 加入

▶ **分析**

其中，1 个汉字约等于 3 个 " "。因此如果想要往 p 标签内加入两个汉字的空格，那么我们需要往 p 标签内加入 6 个 " "。

4.9.2 网页中的 "特殊符号"

经常使用 Word 的小伙伴都知道，当没法使用输入法来输入某些字符（如欧元符号€、英镑符号£ 等）时，我们可以通过 Word 内部提供的特殊字符来辅助插入。但对于一个网页来说，就完全不是这么一回事了。

在 HTML 中，如果想要显示一个特殊符号，也是需要通过代码来实现的。这些特殊符号对应的代码，都是以 "&" 开头，并且以 ";"（英文分号）结尾的。这些特殊符号，可以分为两类。

▶ 容易通过输入法输入的，不必使用代码实现，如表 4-5 所示。

▶ 难以通过输入法输入的，需要使用代码实现，如表 4-6 所示。

表 4-5 HTML 特殊符号（易输入）

特殊符号	说明	代码
"	双引号（英文）	&quot;
'	左单引号	&lsquo;
'	右单引号	&rsquo;
×	乘号	&times;
÷	除号	&divide;
>	大于号	&gt;
<	小于号	&lt;
&	"与" 符号	&amp;
—	长破折号	&mdash;
|	竖线	|

表4-6　HTML 特殊符号（难输入）

特殊符号	说明	代码
§	分节符	&sect;
©	版权符	&copy;
®	注册商标	&reg;
™	商标	&trade;
€	欧元	&euro;
£	英镑	&pound;
¥	日元	&yen;
°	度	&deg;

实际上，空格" "也是一个特殊符号。

▊ 举例

```
<!DOCTYPE html>
<html>
<head>
    <meta charset="utf-8" />
    <title>特殊符号</title>
</head>
<body>
    <p>欧元符号：&euro;</p>
    <p>英镑符号：&pound;</p>
</body>
</html>
```

浏览器预览效果如图 4-24 所示。

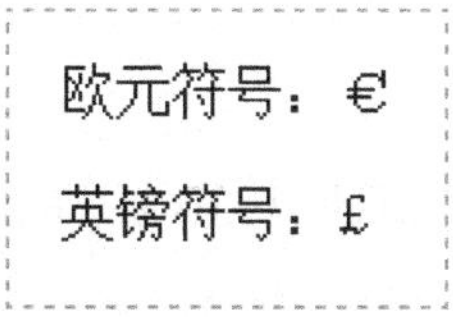

欧元符号：€

英镑符号：£

图 4-24　特殊符号效果

▊ 分析

这个例子的特殊符号效果，使用下面的代码同样能够实现，浏览器预览效果是一样的。

```
<!DOCTYPE html>
<html>
<head>
    <meta charset="utf-8" />
    <title>特殊符号</title>
</head>
<body>
    <p>欧元符号：€</p>
    <p>英镑符号：£</p>
</body>
</html>
```

对于这一节，我们只需要记忆"空格"这一个特殊符号，其他特殊符号不需要记忆，等需要时再回这里查一下就可以了。

4.10　本章练习

一、单选题

1. 选出你认为最合理的定义标题的方法（　　）。
   A. \<div\> 文章标题 \</div\>　　　　　　　B. \<p\>\<b\> 文章标题 \</b\>\</p\>
   C. \<h1\> 文章标题 \</h1\>　　　　　　　　D. \<strong\> 文章标题 \</strong\>

2. 如果想要得到粗体效果，我们可以使用（　　）标签来实现。
   A. \<strong\>\</strong\>　　　　　　　　B. \<em\>\</em\>
   C. \<sup\>\</sup\>　　　　　　　　　　　D. \<sub\>\</sub\>

3. 下面有关自闭合标签，说法不正确的是（　　）。
   A. 自闭合标签只有开始符号没有结束符号
   B. 自闭合标签可以在内部插入文本或图片
   C. meta 标签是自闭合标签
   D. hr 标签是自闭合标签

4. 在浏览器默认情况下，下面有关块元素和行内元素的说法不正确的是（　　）。
   A. 块元素独占一行　　　　　　　　　　B. 块元素内部可以容纳块元素
   C. 块元素内部可以容纳行内元素　　　　D. 行内元素可以容纳块元素

5. 下面的标签中，哪一个不是块元素？（　　）
   A. strong　　　　　　B. p　　　　　　C. div　　　　　D. hr

二、编程题

使用这一章学到的各种文本标签，实现图 4-25 所示的网页效果。

图 4-25　请利用本章所学知识，实现此效果

第5章
列表

5.1 列表简介

列表是网页中最常用的一种数据排列方式，我们在浏览网页时，经常可以看到各种列表的身影，如图 5-1 和图 5-2 所示。

图 5-1　绿叶学习网的文字列表　　　　　图 5-2　绿叶学习网的图片列表

在 HTML 中，列表共有 3 种：有序列表、无序列表和定义列表。

在有序列表中，列表项之间有先后顺序之分。在无序列表中，列表项之间没有先后顺序之分。而定义列表是一组带有特殊含义的列表，一个列表项中包含"条件"和"列表"两部分。

很多人在别的书看到还有"目录列表 dir"和"菜单列表 menu"。事实上，这两种列表在 HTML5 标准中已经被废除了，现在都是用无序列表 ul 来代替，因此我们不会再浪费篇幅来介绍。

5.2　有序列表

5.2.1　有序列表简介

在 HTML 中，有序列表中的各个列表项是有顺序的。有序列表从 <ol> 开始，到 </ol> 结束。在有序列表中，一般采用数字或字母作为顺序，默认采用数字顺序。

▌ 语法

```
<ol>
    <li>列表项</li>
    <li>列表项</li>
    <li>列表项</li>
</ol>
```

▌ 说明

ol，即 ordered list（有序列表）。li，即 list（列表项）。理解标签的语义更有利于记忆。

在该语法中，<ol> 和 </ol> 标志着有序列表的开始和结束，而 <li> 和 </li> 标签表示这是一个列表项。一个有序列表可以包含多个列表项。

注意，ol 标签和 li 标签需要配合一起使用，不可以单独使用，而且 <ol> 标签的子标签也只能是 li 标签，不能是其他标签。

▌ 举例

```
<!DOCTYPE html>
<html>
<head>
    <meta charset="utf-8" />
    <title>有序列表</title>
</head>
<body>
    <ol>
        <li>HTML</li>
        <li>CSS</li>
        <li>JavaScript</li>
        <li>jQuery</li>
        <li>Vue.js</li>
    </ol>
</body>
</html>
```

浏览器预览效果如图 5-3 所示。

```
1. HTML
2. CSS
3. JavaScript
4. jQuery
5. Vue.js
```

图 5-3　有序列表

▌ 分析

有些初学的小伙伴会问，是不是只能使用数字来表示列表项的顺序？能不能用"a、b、c"这种英文字母的形式来表示顺序呢？当然可以！这就需要用到下面介绍的 type 属性了。

5.2.2　type 属性

在 HTML 中，我们可以使用 type 属性来改变列表项符号。在默认情况下，有序列表使用数字作为列表项符号。

▌ 语法

```
<ol type="属性值">
    <li>列表项</li>
    <li>列表项</li>
    <li>列表项</li>
</ol>
```

▌ 说明

在有序列表中，type 属性取值如表 5-1 所示。

表 5-1　type 属性取值

属性值	列表项符号
1	阿拉伯数字：1、2、3……（默认值）
a	小写英文字母：a、b、c……
A	大写英文字母：A、B、C……
i	小写罗马数字：i、ii、iii……
I	大写罗马数字：I、II、III……

对于有序列表的列表项符号，等学了 CSS 之后，我们可以不再使用 type 属性，而应使用 list-style-type 属性。

▌ 举例

```
<!DOCTYPE html>
<html>
<head>
    <meta charset="utf-8" />
```

```
        <title>type属性 </title>
    </head>
    <body>
        <ol type="a">
            <li>HTML</li>
            <li>CSS</li>
            <li>JavaScript</li>
            <li>jQuery</li>
            <li>Vue.js</li>
        </ol>
    </body>
</html>
```

浏览器预览效果如图 5-4 所示。

```
a.  HTML
b.  CSS
c.  JavaScript
d.  jQuery
e.  Vue.js
```

图 5-4　有序列表 type 属性效果

5.3　无序列表

5.3.1　无序列表简介

　　无序列表，很好理解，有序列表的列表项是有一定顺序的，而无序列表的列表项是没有顺序的。默认情况下，无序列表的列表项符号是●，我们可以通过 type 属性来改变其样式。

▌ 语法

```
<ul>
    <li>列表项</li>
    <li>列表项</li>
    <li>列表项</li>
</ul>
```

▌ 说明

　　ul，即 unordered list（无序列表）。li，即 list（列表项）。

　　在该语法中，<ul> 和 </ul> 标志着一个无序列表的开始和结束，<li> 表示这是一个列表项。一个无序列表可以包含多个列表项。

　　注意，ul 标签和 li 标签也需要配合一起使用，不可以单独使用，而且 ul 标签的子标签也只能是

li 标签，不能是其他标签。这一点与有序列表是一样的。

▚ 举例

```
<!DOCTYPE html>
<html>
<head>
    <meta charset="utf-8" />
    <title>无序列表</title>
</head>
<body>
    <ul>
        <li>HTML</li>
        <li>CSS</li>
        <li>JavaScript</li>
        <li>jQuery</li>
        <li>Vue.js</li>
    </ul>
</body>
</html>
```

浏览器预览效果如图 5-5 所示。

- HTML
- CSS
- JavaScript
- jQuery
- Vue.js

图 5-5 无序列表效果

5.3.2 type 属性

与有序列表一样，我们可以使用 type 属性来定义列表项符号。

▚ 语法

```
<ul type="属性值">
    <li>列表项</li>
    <li>列表项</li>
    <li>列表项</li>
</ul>
```

▚ 说明

在无序列表中，type 属性取值如表 5-2 所示。

表 5-2　type 属性取值

属性值	列表项符号
disc	实心圆●（默认值）
circle	空心圆○
square	正方形■

　　与有序列表一样，对于无序列表的列表项符号，等学了 CSS 之后，我们可以不再使用 type 属性，而应使用 list-style-type 属性。

▌ 举例

```
<!DOCTYPE html>
<html>
<head>
    <meta charset="utf-8" />
    <title>type属性</title>
</head>
<body>
    <ul type="circle">
        <li>HTML</li>
        <li>CSS</li>
        <li>JavaScript</li>
        <li>jQuery</li>
        <li>Vue.js</li>
    </ul>
</body>
</html>
```

浏览器预览效果如图 5-6 所示。

图 5-6　无序列表 type 属性

5.3.3　深入无序列表

　　在实际的前端开发中，无序列表比有序列表更为实用。更准确地说，一般使用的都是无序列表，几乎用不到有序列表。不说别的，就拿绿叶学习网来说，主导航、工具栏、动态栏等地方都用到了无序列表，如图 5-7 所示。凡是需要显示列表数据的地方都用到了，可谓无处不在！

图5-7　绿叶学习网

　　下面，我们再来看看大型网站在哪些地方用到了无序列表，如图 5-8、图 5-9 和图 5-10
所示。

图5-8　百度

图5-9　淘宝

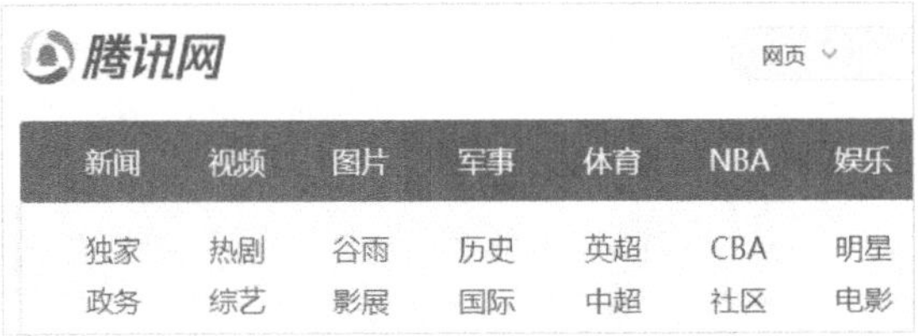

图 5-10　腾讯

可能很多人都疑惑：这些效果是怎样用无序列表做出来的呢？网页外观，当然都是用 CSS 来实现的！现在不懂没关系，为了早日做出这种美观的效果，小伙伴们好好加油把 CSS 学好！

此外，对于无序列表来说，还有以下两点需要注意。

▶ ul 元素的子元素只能是 li，不能是其他元素。

▶ ul 元素内部的文本，只能在 li 元素内部添加，不能在 li 元素外部添加。

▰ 举例：ul 的子元素只能是 li，不能是其他元素

```
<!DOCTYPE html>
<html>
<head>
    <meta charset="utf-8" />
    <title></title>
</head>
<body>
    <ul>
        <div>前端最核心 3 个技术：</div>
        <li>HTML</li>
        <li>CSS</li>
        <li>JavaScript</li>
    </ul>
</body>
</html>
```

浏览器预览效果如图 5-11 所示。

图 5-11　ul 内直接插入 div 效果

▰ 分析

上面的代码是错误的，因为 ul 元素的子元素只能是 li 元素，不能是其他元素。正确做法如下。

```
<div>前端最核心 3 个技术：</div>
<ul>
    <li>HTML</li>
    <li>CSS</li>
```

```
        <li>JavaScript</li>
    </ul>
```

▌举例：文本不能直接放在 ul 元素内

```
<!DOCTYPE html>
<html>
<head>
    <meta charset="utf-8" />
    <title></title>
</head>
<body>
    <ul>
        前端最核心 3 个技术：
        <li>HTML</li>
        <li>CSS</li>
        <li>JavaScript</li>
    </ul>
</body>
</html>
```

浏览器预览效果如图 5-12 所示。

前端最核心3个技术：
- HTML
- CSS
- JavaScript

图 5-12　ul 内直接插入文本的效果

▌分析

上面的代码也是错误的，因为文本不能直接放在 ul 元素内。正确的做法同上例分析中的示范。

5.4　定义列表

在 HTML 中，定义列表由两部分组成：名词和描述。

▌语法

```
<dl>
    <dt>名词</dt>
    <dd>描述</dd>
    ……
</dl>
```

▌说明

dl 即 definition list（定义列表），dt 即 definition term（定义名词），而 dd 即 definition description（定义描述）。

在该语法中，`<dl>` 标记和 `</dl>` 标记分别定义了定义列表的开始和结束，dt 标签用于添加要解释的名词，而 dd 标签用于添加该名词的具体解释。

� **举例**

```html
<!DOCTYPE html>
<html>
<head>
    <meta charset="utf-8" />
    <title>定义列表</title>
</head>
<body>
    <dl>
        <dt>HTML</dt>
        <dd>制作网页的标准语言，控制网页的结构</dd>
        <dt>CSS</dt>
        <dd>层叠样式表，控制网页的样式</dd>
        <dt>JavaScript</dt>
        <dd>脚本语言，控制网页的行为</dd>
    </dl>
</body>
</html>
```

浏览器预览效果如图 5-13 所示。

```
HTML
        制作网页的标准语言，控制网页的结构
CSS
        层叠样式表，控制网页的样式
JavaScript
        脚本语言，控制网页的行为
```

图 5-13　定义列表

▍ **分析**

在实际开发中，定义列表虽然用得比较少，但是在某些高级效果（如自定义表单）中也会用到。在 HTML 入门阶段，我们了解一下就行。

5.5　HTML 语义化

前面我们学习了不少标签，很多人由于不熟悉标签的语义，有时会用某一个标签来代替另一个标签实现相同的效果。举个简单的例子，想要实现有序列表的效果，有些小伙伴可能会使用下面的代码来实现。

▍ **举例**

```html
<!DOCTYPE html>
<html>
```

```
<head>
    <meta charset="utf-8" />
    <title></title>
</head>
<body>
    <div>1.HTML</div>
    <div>2.CSS</div>
    <div>3.JavaScript</div>
    <div>4.jQuery</div>
    <div>5.Vue.js</div>
</body>
</html>
```

浏览器预览效果如图 5-14 所示。

```
1.HTML
2.CSS
3.JavaScript
4.jQuery
5.Vue.js
```

图 5-14　使用 div 实现的列表

▶ 分析

乍一看，代码不同，但是与使用 ul 和 li 实现的效果差不多。心里暗暗窃喜："这方法太棒了，估计也就只有我能想得出来！"曾经我也这样自诩过，实在惭愧。

用某一个标签来代替另外一个标签实现相同的效果，大多数初学者都可能遇到过这种情况。正是这种错误思维，导致很多人在学习 HTML 时，没有认真地把每一个标签的语义理解清楚，糊里糊涂就学过去了。能用某一个学过的标签来代替，就懒得认真学新的标签，这是 HTML 学习中最大的误区。

不少人可能会问："对于大多数标签实现的效果，使用 div 和 span 这两个就可以做到，为什么还要费心费力去学习那么多标签？"这个问题刚好戳中了 HTML 的精髓。说得一点都没错，你可以用 div 来代替 p，也可以使用 p 来代替 h1，但是这样就违背了 HTML 这门语言的初衷。

HTML 的精髓就在于标签的语义。在 HTML 中，大部分标签都有它自身的语义。例如，p 标签，表示的是 paragraph，标记的是一个段落；h1 标签，表示的是 header1，标记的是一个最高级标题。但 div 和 span 是无语义的标签，我们应该优先使用其他有语义的标签。

语义化是非常重要的一个思想。在整站开发中，编写的代码往往成千上万行，你现在的几行代码无法与其相提并论。如果全部使用 div 和 span 来实现，我相信你会看得头晕。要是某一行代码出错了怎么办？你怎么快速地找到那一行代码呢？除了可读性，语义化对于搜索引擎优化（即 SEO）来说，也是极其重要的。

HTML 很简单，因此很多初学者往往会忽略学习它的目的和重要性。我们学习 HTML 的目的并不是记住所有的标签，而是在你需要的地方能使用正确的语义化标签。把标签用在对的地方，这才是学习 HTML 的目的所在。

5.6 本章练习

一、单选题

1. 在下面几种列表形式中，哪一种在 HTML5 中已经被废弃了。（   ）
      A. 有序列表 ol   B. 无序列表 ul
      C. 定义列表 dl   D. 目录列表 dir

2. 下面哪种列表是我们在实际开发中用得最多的？（   ）
      A. 有序列表 ol   B. 无序列表 ul
      C. 定义列表 dl   D. 目录列表 dir

3. 下面有关 ul 元素（不考虑嵌套列表）的说法不正确的是（   ）。
      A. ul 元素的子元素只能是 li，不能是其他元素
      B. ul 元素内部的文本，只能在 li 元素内部添加，不能在 li 元素外部添加
      C. 绝大多数列表都是使用 ul 元素来实现的，而不是 ol 元素
      D. 我们可以在 ul 元素中直接插入 div 元素

4. 下面有关 HTML 语义化，不正确的是（   ）。
      A. 对于大多数标签实现的效果，我们完全可以使用 div 和 span 来代替实现
      B. 学习 HTML 的目的在于在需要的地方，能使用正确的标签
      C. 语义化对于搜索引擎优化来说是非常重要的
      D. 语义化的目的在于提高可读性和可维护性

二、编程题

图 5-15 是一个问卷调查网页，请制作出来。要求：（1）大标题用 h1 标签；（2）小题目用 h3 标签；（3）前两个问题使用有序列表；（4）最后一个问题使用无序列表。

图 5-15　问卷调查网页

第6章

表格

6.1　表格简介

在早些年的 Web 1.0 时代，表格常用于网页布局。但是在 Web 2.0 中，这种方式已经被抛弃了，网页布局都是使用 CSS 来实现的（学了 CSS 就会知道）。但是，这并不代表表格就一无是处了，表格在实际开发中用得非常多，因为使用表格可以更清晰地排列数据，如图 6-1 所示。

前端开发核心技术	
技术	说明
HTML	网页的结构
CSS	网页的外观
JavaScript	网页的行为

图 6-1　绿叶学习网中的表格

6.2　基本结构

在 HTML 中，一个表格一般由以下 3 个部分组成。

▶ 表格: table 标签。

▶ 行: tr 标签。

▶ 单元格: td 标签。

▼ 语法

```
<table>
    <tr>
        <td>单元格1</td>
```

```
        <td>单元格2</td>
    </tr>
    <tr>
        <td>单元格3</td>
        <td>单元格4</td>
    </tr>
</table>
```

说明

tr 指的是 table row（表格行）。td 指的是 table data cell（表格单元格）。

<table> 和 </table> 表示整个表格的开始和结束，<tr> 和 </tr> 表示行的开始和结束，而 <td> 和 </td> 表示单元格的开始和结束。

在表格中，有多少组“<tr></tr>”，就表示有多少行。

举例

```
<!DOCTYPE html>
<html>
<head>
    <meta charset="utf-8" />
    <title>表格基本结构</title>
    <!--这里使用CSS为表格加上边框-->
    <style type="text/css">
        table,tr,td{border:1px solid silver;}
    </style>
</head>
<body>
    <table>
        <tr>
            <td>HTML</td>
            <td>CSS</td>
        </tr>
        <tr>
            <td>JavaScript</td>
            <td>jQuery</td>
        </tr>
    </table>
</body>
</html>
```

浏览器预览效果如图 6-2 所示。

HTML	CSS
JavaScript	jQuery

图 6-2　表格基本结构

分析

默认情况下，表格是没有边框的。在这个例子中，我们使用 CSS 加入边框，是想让大家更清楚地看到一个表格结构。对于表格的边框、颜色、大小等的设置，我们在 CSS 中会学到，这里不需要理解那一句 CSS 代码。

　　在 HTML 学习中，我们只需要知道表格用的是什么标签就行了。记住，学习 HTML 时，只考虑结构就行了，学习 CSS 时，再考虑样式。

6.3　完整结构

　　上一节介绍了表格的"基本结构"，但是一个表格的"完整结构"不是只有 table、tr、td，还包括 caption、th 等。

6.3.1　表格标题：caption

　　在 HTML 中，表格一般都会有一个标题，我们可以使用 caption 标签来实现。

▼ 语法

```
<table>
    <caption>表格标题</caption>
    <tr>
        <td>单元格1</td>
        <td>单元格2</td>
    </tr>
    <tr>
        <td>单元格3</td>
        <td>单元格4</td>
    </tr>
</table>
```

▼ 说明

　　一个表格只能有一个标题，也就是只能有一个 caption 标签。在默认情况下，标题位于整个表格的第一行。

▼ 举例

```
<!DOCTYPE html>
<html>
<head>
    <meta charset="utf-8" />
    <title>表格标题</title>
    <!--这里使用CSS为表格加上边框-->
    <style type="text/css">
        table,tr,td{border:1px solid silver;}
    </style>
</head>
<body>
    <table>
        <caption>考试成绩表</caption>
```

```
        <tr>
            <td>小明</td>
            <td>80</td>
            <td>80</td>
            <td>80</td>
        </tr>
        <tr>
            <td>小红</td>
            <td>90</td>
            <td>90</td>
            <td>90</td>
        </tr>
        <tr>
            <td>小杰</td>
            <td>100</td>
            <td>100</td>
            <td>100</td>
        </tr>
    </table>
</body>
</html>
```

浏览器预览效果如图 6-3 所示。

考试成绩表

小明	80	80	80
小红	90	90	90
小杰	100	100	100

图 6-3　表格标题

▶ 分析

默认情况下，表格是没有边框的。在这个例子中，我们使用 CSS 加入边框是想让大家更清楚地看到一个表格的结构。

6.3.2　表头单元格：th

在 HTML 中，单元格其实有两种：一种是"表头单元格"，使用的是 th 标签；另一种是"表行单元格"，使用的是 td 标签。

th 指的是 table header cell（表头单元格）。td 指的是 table data cell（表行单元格）。

▶ 语法

```
<table>
    <caption>表格标题</caption>
    <tr>
        <th>表头单元格 1</th>
        <th>表头单元格 2</th>
```

```
        </tr>
        <tr>
            <td>表行单元格1</td>
            <td>表行单元格2</td>
        </tr>
        <tr>
            <td>表行单元格3</td>
            <td>表行单元格4</td>
        </tr>
    </table>
```

▌ 说明

th 和 td 在本质上都是单元格，但是并不代表两者可以互换，它们具有以下区别。

- ▸ 显示上：浏览器会以"粗体"和"居中"来显示 th 标签中的内容，但是 td 标签不会。
- ▸ 语义上：th 标签用于表头，而 td 标签用于表行。

当然，对于表头单元格，我们可能会使用 td 来代替 th，但是不建议这样做。因为在"5.5 HTML 语义化"这一节我们已经明确说过：学习 HTML 的目的就是，在需要的地方能用正确的标签（也就是语义化）。

▌ 举例

```html
<!DOCTYPE html>
<html>
<head>
    <meta charset="utf-8" />
    <title>表头单元格</title>
    <!--这里使用CSS为表格加上边框-->
    <style type="text/css">
        table,tr,td,th{border:1px solid silver;}
    </style>
</head>
<body>
    <table>
        <caption>考试成绩表</caption>
        <tr>
            <th>姓名</th>
            <th>语文</th>
            <th>英语</th>
            <th>数学</th>
        </tr>
        <tr>
            <td>小明</td>
            <td>80</td>
            <td>80</td>
            <td>80</td>
        </tr>
        <tr>
            <td>小红</td>
            <td>90</td>
```

```
                <td>90</td>
                <td>90</td>
            </tr>
            <tr>
                <td>小杰</td>
                <td>100</td>
                <td>100</td>
                <td>100</td>
            </tr>
        </table>
    </body>
</html>
```

浏览器预览效果如图 6-4 所示。

考试成绩表

姓名	语文	英语	数学
小明	80	80	80
小红	90	90	90
小杰	100	100	100

图 6-4　表头单元格

▶ 分析

默认情况下，表格是没有边框的。在这个例子中，我们使用 CSS 加入边框是想让大家更清楚地看到一个表格的结构。

6.4　语义化

一个完整的表格包含：table、caption、tr、th、td。为了更进一步地对表格进行语义化，HTML 引入了 thead、tbody 和 tfoot 这 3 个标签。

thead、tbody 和 tfoot 把表格划分为 3 部分：表头、表身、表脚。有了这些标签，表格语义更加良好，结构更加清晰，也更具有可读性和可维护性。

▶ 语法

```
<table>
    <caption>表格标题</caption>
    <!-- 表头 -->
    <thead>
        <tr>
            <th>表头单元格1</th>
            <th>表头单元格2</th>
        </tr>
    </thead>
    <!-- 表身 -->
```

```
    <tbody>
        <tr>
            <td>表行单元格1</td>
            <td>表行单元格2</td>
        </tr>
        <tr>
            <td>表行单元格3</td>
            <td>表行单元格4</td>
        </tr>
    </tbody>
    <!--表脚-->
    <tfoot>
        <tr>
            <td>标准单元格5</td>
            <td>标准单元格6</td>
        </tr>
    </tfoot>
</table>
```

▌举例

```
<!DOCTYPE html>
<html>
<head>
    <meta charset="utf-8" />
    <title>表格语义化</title>
    <!--这里使用CSS为表格加上边框-->
    <style type="text/css">
        table,tr,td,th{border:1px solid silver;}
    </style>
</head>
<body>
    <table>
        <caption>考试成绩表</caption>
        <thead>
            <tr>
                <th>姓名</th>
                <th>语文</th>
                <th>英语</th>
                <th>数学</th>
            <tr>
        </thead>
        <tbody>
            <tr>
                <td>小明</td>
                <td>80</td>
                <td>80</td>
                <td>80</td>
            </tr>
            <tr>
                <td>小红</td>
```

```
            <td>90</td>
            <td>90</td>
            <td>90</td>
        </tr>
        <tr>
            <td>小杰</td>
            <td>100</td>
            <td>100</td>
            <td>100</td>
        </tr>
    </tbody>
    <tfoot>
        <tr>
            <td>平均</td>
            <td>90</td>
            <td>90</td>
            <td>90</td>
        </tr>
    </tfoot>
</table>
</body>
</html>
```

浏览器预览效果如图 6-5 所示。

考试成绩表

姓名	语文	英语	数学
小明	80	80	80
小红	90	90	90
小杰	100	100	100
平均	90	90	90

图 6-5 表格语义化

◤ 分析

表脚（tfoot）往往用于统计数据。对于 thead、tbody 和 tfoot 标签，不一定需要全部都用上，如 tfoot 就很少用。一般情况下，我们根据实际需要来使用这些标签。

thead、tbody 和 tfoot 标签也是表格中非常重要的标签，它从语义上区分了表头、表身和表脚，很多人容易忽略它们。

此外，thead、tbody 和 tfoot 除了可以使代码更具有语义，还有另外一个重要作用：方便分块来控制表格的 CSS 样式。

【解惑】

对于表格的显示效果来说，thead、tbody 和 tfoot 标签加了和没加是一样的，那为什么还要用呢？

单纯从显示效果来说，确实如此。曾经作为初学者，我也有过这样的疑问。但是加了之后，可以让你的代码更具有逻辑性，并且还可以很好地结合 CSS 来分块控制样式。

6.5　合并行：rowspan

在设计表格时，有时我们需要将"横向的 N 个单元格"或者"纵向的 N 个单元格"合并成一个单元格（类似 Word 的表格合并），这个时候就需要用到"合并行"或"合并列"。这一节，我们先来介绍一下合并行。

在 HTML 中，我们可以使用 rowspan 属性来合并行。所谓的合并行，指的是将"纵向的 N 个单元格"合并。

�▰ 语法

```
<td rowspan="跨域的行数"></td>
```

▰ 举例

```html
<!DOCTYPE html>
<html>
<head>
    <meta charset="utf-8" />
    <title>rowspan属性</title>
    <style type="text/css">
        table,tr,td{border:1px solid silver;}
    </style>
</head>
<body>
    <table>
        <tr>
            <td>姓名:</td>
            <td>小明</td>
        </tr>
        <tr>
            <td rowspan="2">喜欢水果:</td>
            <td>苹果</td>
        </tr>
        <tr>
            <td>香蕉</td>
        </tr>
    </table>
</body>
</html>
```

浏览器预览效果如图 6-6 所示。

姓名：	小明
喜欢水果：	苹果
	香蕉

图 6-6　合并行效果

分析

这里为了简化例子，就不直接用标准语义来写了，但是小伙伴们在实际开发中要记得语义化。在这个例子中，如果我们将 rowspan="2" 删除，预览效果就会变成如图 6-7 所示。

姓名：	小明
喜欢水果：	苹果
香蕉	

图 6-7　删除 rowspan="2" 后的效果

所谓的合并行，其实就是将表格相邻的 N 个行合并。在这个例子中，rowspan="2" 实际上是让加上 rowspan 属性的这个 td 标签跨越两行。

6.6　合并列：colspan

在 HTML 中，我们可以使用 colspan 属性来合并列。所谓的合并列，指的是将“横向的 N 个单元格”合并。

语法

```
<td colspan="跨域的列数"></td>
```

举例

```
<!DOCTYPE html>
<html>
<head>
    <meta charset="utf-8" />
    <title>colspan属性</title>
    <style type="text/css">
        table,tr,td{border:1px solid silver;}
    </style>
</head>
<body>
    <table>
        <tr>
            <td colspan="2">前端开发技术</td>
        </tr>
        <tr>
            <td>HTML</td>
            <td>CSS</td>
        </tr>
        <tr>
            <td>JavaScript</td>
            <td>jQuery</td>
        </tr>
    </table>
</body>
</html>
```

浏览器预览效果如图 6-8 所示。

前端开发技术	
HTML	CSS
JavaScript	jQuery

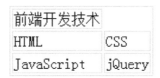

图 6-8 合并列效果

分析

如果我们将 colspan="2" 删除，预览效果就会变成如图 6-9 所示。

前端开发技术	
HTML	CSS
JavaScript	jQuery

图 6-9 删除 colspan="2" 后的效果

小伙伴们好好琢磨一下上面这个例子，尝试自己写一下。在实际开发中，合并行与合并列用得很少，如果忘了，直接回来这里查一下即可。

此外，对于 rowspan 和 colspan，我们可以根据其英文意思进行记忆。其中，rowspan 表示“row span”，colspan 表示“column span”。

6.7 本章练习

一、单选题

下面有关表格的说法，正确的是（　　）。

A. 表格已经被抛弃了，现在没必要学

B. 我们可以使用表格来布局

C. 表格一般用于展示数据

D. 表格最基本的 3 个标签是 tr、th、td

二、编程题

利用这一章学到的知识，制作如图 6-10 所示的表格效果，并且要求代码语义化。

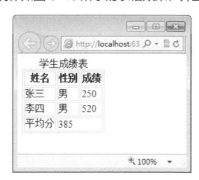

图 6-10 表格效果

第 7 章
图片

7.1 图片标签

任何网页都少不了图片，一个图文并茂的页面，可以使用户体验更好。如果想让网站获得更多的流量，也可以从"图文并茂"这个角度挖掘一下。

在 HTML 中，我们可以使用 img 标签来显示一张图片。对于 img 标签，我们只需要掌握它的 3 个属性: src、alt 和 title。

```
<img src="" alt="" title="" />
```

7.1.1 src 属性

src 用于指定这个图片所在的路径，这个路径可以是相对路径，也可以是绝对路径。对于路径，我们会在下一节中详细介绍。

▼ **语法**

```
<img src="图片路径" />
```

▼ **说明**

所谓的"图片路径"，指的就是"图片地址"，这两个叫法是一样的意思。任何一张图片必须指定 src 属性才可以显示。也就是说，src 是 img 标签必不可少的属性。

▼ **举例**

```
<!DOCTYPE html>
<html>
<head>
    <meta charset="utf-8" />
    <title></title>
```

```
</head>
<body>
    <img src="img/haizei.png">
</body>
</html>
```

浏览器预览效果如图 7-1 所示。

图 7-1　src 属性

▶ 分析

"img/haizei.png"就是这个图片的路径，小伙伴们暂时不懂没关系，下一节我们会给大家介绍。

在这个例子中，如果我们把"img/haizei.png"去掉，此时图片就不会显示出来了。

7.1.2　alt 属性和 title 属性

alt 和 title 都用于指定图片的提示文字。一般情况下，alt 和 title 的值是相同的。不过两者也有很大的区别。

- ▶ alt 属性用于图片描述，这个描述文字是给**搜索引擎**看的。当图片无法显示时，页面会显示 alt 中的文字。
- ▶ title 属性也用于图片描述，不过这个描述文字是给**用户**看的。当鼠标指针移到图片上时，会显示 title 中的文字。

▶ 举例：alt 属性

```
<!DOCTYPE html>
<html>
<head>
    <meta charset="utf-8" />
    <title></title>
</head>
<body>
    <img src="img/haizei.png" alt="海贼王之索隆" />
```

```
</body>
</html>
```

浏览器预览效果如图 7-2 所示。

图 7-2　alt 属性

▌ 分析

仔细一看，怎么加上 alt 属性和没加上是一样的效果呢？实际上，当我们把 "img/haizei.png"
去掉（也就是图片无法显示）后，此时可以看到浏览器会显示 alt 的提示文字，如图 7-3 所示。如
果没有加上 alt 属性值，图片不显示，就不会有提示文字。

图 7-3　alt 属性的提示文字效果

▌ 举例：title 属性

```
<!DOCTYPE html>
<html>
<head>
    <meta charset="utf-8" />
    <title></title>
</head>
<body>
    <img src="img/haizei.png" title="海贼王之索隆">
```

```
</body>
</html>
```

浏览器预览效果如图 7-4 所示。

图 7-4　title 属性

▶ 分析

当我们把鼠标移到图片上时，就会显示 title 中的提示文字，如图 7-5 所示。

图 7-5　title 属性的提示文字

在实际开发中，对于 img 标签，src 和 alt 这两个是必选属性，一定要添加；而 title 是可选属性，可加可不加。

7.2　图片路径

从上一节学习中我们得知，如果想要显示一张图片，就必须设置该图片的路径（即图片地址）。也就是说，我们必须要设置 img 标签的 src 属性。道理很简单，就像你找一个文件，需要知道它在哪里才能找得着。

路径，往往也是初学者最困惑的知识点之一。在 HTML 中，路径分为两种：绝对路径和相对路径。

首先我们使用 HBuilder 在 D 盘目录下建立一个网站，网站名为"website"，其目录结构如图 7-6 所示。如果小伙伴们还不会用 HBuilder，在网上搜索一下使用教程即可，很简单。

图 7-6　网站目录

接下来，我们要用 page1.html 和 page2.html 这两个页面分别去引用 img 文件夹中的图片 haizei.png，从而多方面地来认识相对路径和绝对路径的区别。

7.2.1　page1.html 引用图片

1. 绝对路径

```
<img src="D:/website/img/haizei.png" />
```

绝对路径，指的是图片在你的计算机中的完整路径。平常我们使用计算机都知道，文件夹上方会显示一个路径，其实这个就是绝对路径，如图 7-7 所示。

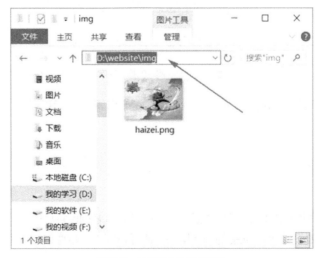

图 7-7　计算机中的绝对路径

2. 相对路径

```
<img src="img/haizei.png" />
```

所谓的相对路径，指的是图片相对当前页面的位置（好好琢磨这句话）。

从图 7-6 可以看出，page1.html 与 img 文件夹位于同一层目录中，两者是"兄弟"关系。然后 haizei.png 位于 img 文件夹目录下，这两个是"父子"关系。因此，正确的相对路径应该是"img/ haizei.png"。

有些小伙伴就会问了，如果网站目录改为图 7-8 所示的情况，此时 page1.html 若要引用 haizei.png 这张图片，那么相对路径该怎么写呢？

图 7-8　网站目录

由于此时 page1.html 与 haizei.png 位于同一级目录中，也就是"兄弟"关系。正确的写法如下所示。

```
<img src="haizei.png" />
```

7.2.2　page2.html 引用图片

1. 绝对路径

```
<img src="D:/website/img/haizei.png" />
```

回到图 7-6，"page1.html 引用 haizei.png"与"page2.html 引用 haizei.png"，两者的绝对路径写法是一样的。实际上，只要你的图片没有移动到其他地方，所有页面引用该图片的绝对路径都是一样的。这个道理很简单，小伙伴们稍微想一下就懂了。

2. 相对路径

```
<img src="../img/haizei.png" />
```

从图 7-6 可以知道，page2.html 位于 test 文件夹下，haizei.png 位于 img 文件夹下，而 test 文件夹与 img 文件夹处于同一层目录（"兄弟"关系）。也就是说 haizei.png 位于 page2.html

的上一级目录中的 img 文件夹下，因此 src 为 "../img/haizei.png"。其中 "../" 表示上一级目录，我们要记住这种写法。

如果网站目录改为图 7-9 所示的情况，此时 page2.html 若要引用 haizei.png 这张图片，那相对路径应该怎么写呢？

图 7-9　网站目录

由于此时 haizei.png 与 test 文件夹位于同一级目录中，我们只需要找到 page2.html 的上一级，就可以找到 haizei.png 了。正确的写法如下。

```
<img src="../haizei.png" />
```

至此，两种路径方式差不多介绍完了。最后还有最重要的一点要给大家说明：**在实际开发中，不论是图片还是超链接，一般都使用相对路径，几乎不会使用绝对路径。**

这是因为如果采用绝对路径，那么网站文件一旦移动，所有的路径都可能会失效。因此，小伙伴们只需要掌握相对路径，对于绝对路径，了解一下就行。

【解惑】

1. **为什么我使用绝对路径时，图片不能显示出来？**

当我们使用绝对路径时，往往很多编辑器都不能把图片的路径解析出来，因此图片无法在网页中显示。在真正的网站开发中，对于图片或者引用文件的路径，我们几乎都是使用相对路径。因此，大家不必过于纠结绝对路径的相关问题，只需要掌握相对路径的写法即可。

2. **对于图片或文件，可以使用中文名吗？**

不建议使用中文，因为很多服务器是英文操作系统，不能对中文文件名提供很好的支持。所以不管是图片还是文件夹，都建议使用英文名字。

3. **作为初学者，我老是忘记路径怎么写，该怎么办呢？**

HBuilder 会有自动提示，我们选中想要的图片，它就会自动帮我们填上正确的路径，如图 7-10 所示。初学时可以使用 HBuilder 自动提示，但是后面我们一定要慢慢熟悉这些路径是怎么写的。

```
 1 <!DOCTYPE html>
 2 <html>
 3 <head>
 4     <meta charset="utf-8" />
 5     <title></title>
 6 </head>
 7 <body>
 8     <img src=""/>
 9 </body>
10 </html>
11
```

图 7-10　HBuilder 自动提示

7.3　图片格式

在网页中，图片格式有两种，一种是"位图"；另一种是"矢量图"。下面我们来简单介绍一下。

7.3.1　位图

位图，又叫作"像素图"，它是由像素点组成的图片。对于位图来说，放大图片后，图片会失真；缩小图片后，图片同样也会失真。

在实际开发中，最常见的位图的图片格式有 3 种（可以从图片后缀名看出来）：jpg（或 jpeg）、png、gif。深入理解 3 种图片适合在哪种情况下使用，在前端开发中是非常重要的。

- jpg 格式可以很好地处理大面积色调的图片，适合存储颜色丰富的复杂图片，如照片、高清图片等。此外，jpg 格式的图片体积较大，并且不支持保存透明背景。
- png 格式是一种无损格式，可以无损压缩以保证页面打开速度。此外，png 格式的图片体积较小，并且支持保存透明背景，不过不适合存储颜色丰富的图片。
- gif 格式的图片效果最差，不过它适合制作动画。实际上，小伙伴们经常在 QQ 或微信上发的动图都是 gif 格式的。

这里来总结一下：如果想要展示色彩丰富的高品质图片，可以使用 jpg 格式；如果是一般图片，为了减少体积或者想要透明效果，可以使用 png 格式；如果是动画图片，可以使用 gif 格式。

此外，对于位图，我们可以使用 Photoshop 这个软件来处理。

▌ 举例

```
<!DOCTYPE html>
<html>
<head>
```

```
        <meta charset="utf-8" />
        <title>jpg、png与gif</title>
        <style type="text/css">
            body{background-color:hotpink;}
        </style>
    </head>
<body>
        <img src="img/1.jpg" alt=""/><br/>
        <img src="img/2.png" alt=""/><br/>
        <img src="img/3.gif" alt=""/>
    </body>
</html>
```

浏览器预览效果如图 7-11 所示。

图 7-11　jpg、png 与 gif

▌分析

"body{background-color:hotpink;}" 表示使用 CSS 为页面定义一个背景色，以便对比得出哪些图片是透明的，哪些不是透明的。这句代码现在看不懂不用考虑，等学了 CSS 自然就知道了。

从这个例子我们可以很直观地看出来：**jpg 图片不支持透明，png 图片支持透明，而 gif 图片可以做动画**。

7.3.2　矢量图

矢量图，又叫作"向量图"，是以一种数学描述的方式来记录内容的图片格式。举个例子，我们可以使用 y=kx 来绘制一条直线，当 k 取不同值时可以绘制不同角度的直线，这就是矢量图的构图原理。

矢量图最大的优点是图片无论放大、缩小或旋转等，都不会失真。最大的缺点是难以表现色彩丰富的图片，如图 7-12、图 7-13 和图 7-14 所示。

图 7-12　人物矢量图

图 7-13　风景矢量图

图 7-14　动画矢量图

矢量图的常见格式有 ".ai"".cdr"".fh"".swf"。其中 ".swf" 格式比较常见，它指的是 Flash 动画，其他几种格式的矢量图比较少见，可以忽略。对于矢量图，我们可以使用 illustrator 或者 CorelDRAW 这两款软件来处理。

在网页中，很少用到矢量图，除非是一些字体图标（iconfont）。不过作为初学者，我们只需简单了解一下即可。

对于位图和矢量图的区别，我们总结了以下 4 点。

▶ 位图适用于展示色彩丰富的图片，而矢量图不适用于展示色彩丰富的图片。

▶ 位图的组成单位是"像素"，而矢量图的组成单位是"数学向量"。

▶ 位图受分辨率影响，当图片放大时会失真；而矢量图不受分辨率影响，当图片放大时不会失真。

▶ 网页中的图片绝大多数都是位图，而不是矢量图。

【解惑】

1. 现在的前端开发工作，还需要用到切图吗？

在 Web 1.0 时代，切图是一种形象的说法，它指的是使用 Photoshop 把设计图切成一块一块的，然后再使用 Dreamweaver 拼接起来，从而合成一个网页。

到了 Web 2.0 时代，依旧有切图一说，只不过这种切图不再是以前那种方式。现在所说的切图不是将图片切片，而是一种设计思路。现在的切图，指的是前端工程师拿到 UI 设计师的图稿时，需要分析页面的布局，哪些用 CSS 实现，哪些用图片实现，哪些用 CSS Spirit 实现等。

在 Web 2.0 时代，我们仍然需要掌握 Photoshop 的一些基本操作。不过我们在开发页面时，就不应该使用 Web 1.0 时代的"拼图"方式了。

2. 如果我从事前端开发，对于 Photoshop 要掌握到什么程度呢？

一个真正的前端工程师，需要能用 Photoshop 来进行基本的图片处理，如图片切片、图片压缩、格式转换等。但如果时间精力有限，我们也不必太过于深入，掌握基本操作就完全够用了。

7.4   本章练习

一、单选题

1. 在 img 标签中，(   ) 属性的内容是提供给搜索引擎看的。

    A．src   B．alt   C．title   D．class

2. 下面说法，正确的是 (   )。

    A．当鼠标移到图片上时，就会显示 img 标签 alt 属性中的文字

    B．src 是 img 标签必不可少的属性，只有定义它之后图片才可以显示出来

    C．在实际开发中，我们常用的是绝对路径，很少用到相对路径

    D．如果想要显示一张动画图片，可以使用 png 格式来实现

3. 在图 7-15 的目录结构中，blog 与 img 这两个文件位于同一层级，如果我们要在 page1. html 中显示 haizei.png 这张图片，正确的路径写法是 (   )。

图 7-15   网站目录

    A．<img src="../../img/haizei.png" alt=""/>

    B．<img src="../img/haizei.png" alt=""/>

    C．<img src="img/haizei.png" alt=""/>

    D．<img src="../blog/img/haizei.png" alt=""/>

二、编程题

尝试在一个页面显示 3 种格式（jpg、png、gif）的图片，并且注意路径的书写。

第 8 章

超链接

8.1 超链接简介

超链接随处可见，可以说是网页中最常见的元素，如绿叶学习网的导航、图片列表等都用到了超链接，只要我们轻轻一点超链接，就会跳转到其他页面，如图 8-1 所示。

图 8-1 绿叶学习网

超链接，英文名是 hyperlink。每一个网站都由非常多的网页组成，而页面之间通常都是通过超链接来相互关联的。超链接能够让我们在各个独立的页面之间方便地跳转。

8.1.1 a 标签

在 HTML 中，我们可以使用 a 标签来实现超链接。

▼ 语法

```
<a href="链接地址">文本或图片</a>
```

▰ 说明

href 表示你想要跳转到的那个页面的路径（也就是地址），可以是相对路径，也可以是绝对路径。对于路径，忘了的小伙伴，记得回去翻一下"7.2 图片路径"这一节。

超链接的使用范围非常广，我们可以将文本设置为超链接，这种叫作"文本超链接"。也可以将图片设置为超链接，这种叫作"图片超链接"。

▰ 举例：文本超链接

```
<!DOCTYPE html>
<html>
<head>
    <meta charset="utf-8" />
    <title></title>
</head>
<body>
    <a href="http://www.lvyestudy.com">绿叶学习网</a>
</body>
</html>
```

浏览器预览效果如图 8-2 所示。

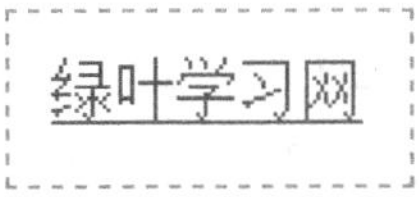

绿叶学习网

图 8-2　文本超链接

▰ 分析

当我们单击文字"绿叶学习网"时，就会跳转到绿叶首页。

▰ 举例：图片超链接

```
<!DOCTYPE html>
<html>
<head>
    <meta charset="utf-8" />
    <title></title>
</head>
<body>
    <a href="http://www.lvyestudy.com"><img src="img/lvye.png" alt="绿叶学习网"/></a>
</body>
</html>
```

浏览器预览效果如图 8-3 所示。

图 8-3　图片超链接

▶ 分析

如果我们单击图片，就会跳转到绿叶首页。不管是哪种超链接，都是把文字或图片放到 a 标签内部来实现的。

8.1.2　target 属性

默认情况下，超链接都是在当前浏览器窗口打开新页面的。在 HTML 中，我们可以使用 target 属性来定义超链接打开窗口的方式。

▶ 语法

```
<a href="链接地址" target="打开方式"></a>
```

▶ 说明

a 标签的 target 属性取值有 4 种，如表 8-1 所示。

表 8-1　target 属性取值

属性值	说明
_self	在原来窗口打开链接（默认值）
_blank	在新窗口打开链接
_parent	在父窗口打开链接
_top	在顶层窗口打开超链接

一般情况下，我们只会用到"**_blank**"这 1 个值，也只要记住这一个就够了，其他 3 个值不需要去深究。

▶ 举例

```
<!DOCTYPE html>
<html>
<head>
    <meta charset="utf-8" />
    <title></title>
</head>
<body>
    <a href="http://www.lvyestudy.com" target="_blank">绿叶学习网</a>
</body>
</html>
```

浏览器预览效果如图 8-4 所示。

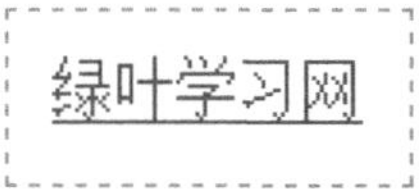

绿叶学习网

图 8-4　target 属性

▌ 分析

这个例子与之前那个例子在浏览器效果上看不出什么区别，但是当我们单击超链接后，就会发现它们的窗口打开方式是不一样的，小伙伴们先自己试一下。

最后有一点要特别注意，_blank 属性是以**下划线（ _ ）**开头的，而不是**中划线（ - ）**。

8.2　内部链接

在 HTML 中，超链接有两种：一种是外部链接，另外一种是内部链接。外部链接指向的是"外部网站的页面"，而内部链接指向的是"自身网站的页面"。上一节我们接触的就是外部链接，这一节我们来学习一下内部链接。

首先，我们建立一个网站，网站名为"website2"，其目录结构如图 8-5 所示。

图 8-5　网站目录

对于图 8-5 中的 3 个页面，如果我们在 page1.html 单击超链接，跳转到 page2.html 或者 page3.html，这种超链接就是内部链接。这是因为 3 个页面都是位于同一个网站根目录下的。

我们在 HBuilder 中按照上图建立 3 个页面，代码分别如下所示。

page1.html：

```
<!DOCTYPE html>
<html>
<head>
    <meta charset="utf-8" />
    <title></title>
</head>
<body>
    <a href="page2.html">跳转到页面2</a>
    <a href="test/page3.html">跳转到页面3</a>
</body>
</html>
```

page2.html：

```
<!DOCTYPE html>
<html>
<head>
```

```
    <meta charset="utf-8" />
    <title></title>
</head>
<body>
    <h1>这是页面2</h1>
</body>
</html>
```

page3.html：

```
<!DOCTYPE html>
<html>
<head>
    <meta charset="utf-8" />
    <title></title>
</head>
<body>
    <h1>这是页面3</h1>
</body>
</html>
```

小伙伴们自己在 HBuilder 中实践一下，就知道内部链接是怎么一回事了。此外，内部链接使用的都是相对路径，而不是绝对路径，这个与图片路径是一样的。

8.3　锚点链接

有些页面内容比较多，导致页面过长，此时用户需要不停地拖动浏览器上的滚动条才可以看到下面的内容。为了方便用户操作，我们可以使用锚点链接来优化用户体验。

在 HTML 中，锚点链接其实是内部链接的一种，它的链接地址（也就是 href）指向的是当前页面的某个部分。所谓锚点链接，简单地说，就是单击某一个超链接，它就会跳到**当前页面**的某一部分。

▌ 举例

```
<!DOCTYPE html>
<html>
<head>
    <meta charset="utf-8" />
    <title></title>
</head>
<body>
    <div>
        <a href="#article">推荐文章</a><br />
        <a href="#music">推荐音乐</a><br />
        <a href="#movie">推荐电影</a><br />
    </div>
    ……<br />
    ……<br />
    ……<br />
    ……<br />
```

```
……<br />
……<br />
……<br />
……<br />
<div id="article">
     <h3>推荐文章</h3>
     <ul>
          <li>朱自清－荷塘月色</li>
          <li>余光中－乡愁</li>
          <li>鲁迅－阿Q正传</li>
     </ul>
</div>
……<br />
……<br />
……<br />
……<br />
……<br />
……<br />
……<br />
……<br />
<div id="music">
     <h3>推荐音乐</h3>
     <ul>
          <li>林俊杰－被风吹过的夏天</li>
          <li>曲婉婷－我的歌声里</li>
          <li>许嵩－灰色头像</li>
     </ul>
</div>
……<br />
……<br />
……<br />
……<br />
……<br />
……<br />
……<br />
……<br />
<div id="movie">
     <h3>推荐电影</h3>
     <ul>
          <li>蜘蛛侠系列</li>
          <li>钢铁侠系列</li>
          <li>复仇者联盟</li>
     </ul>
</div>
</body>
</html>
```

浏览器预览效果如图 8-6 所示。

图 8-6 锚点链接

▚ 分析

我们分别单击"推荐文章""推荐音乐""推荐电影"这 3 个超链接，页面就会自动滚动到相应的部分。

小伙伴们仔细观察这个例子就可以知道，想要实现锚点链接，需要定义以下 2 个参数。

▸ 目标元素的 id。
▸ a 标签的 href 属性指向该 id。

其中，id 属性就是元素的名称，这个 id 名是随便起的（一般是英文）。不过在同一个页面中，id 是唯一的，也就是说一个页面不允许出现相同的 id。道理很简单，你见过哪两个人的身份证号码是相同的呢？

最后要注意一点，给 a 标签的 href 属性赋值时，需要在 id 前面加上"#"（井号），用来表示这是一个锚点链接。

8.4　本章练习

一、单选题

1. 想要使超链接以新窗口的方式打开网页，需要定义 target 属性值为（　　）。
   A. _self   B. _blank
   C. _parent   D. _top

2. 我们可以使用（　　）快速定位到当前页面的某一部分。
   A. 外部链接   B. 锚点链接
   C. 特殊链接   D. target 属性

3. 下面有关超链接的说法，正确的是（　　）。
   A. 不仅文本可以设置超链接，图片也可以设置超链接
   B. 锚点链接属于外部链接的一种
   C. 可以使用 src 属性指定超链接的跳转地址
   D. 可以使用"target="-blank";"指定超链接在新窗口打开

二、编程题

制作如图 8-7 所示的网页，要求单击图片或者文字时，都可以跳转到新的页面，并且设置以新窗口的方式打开。

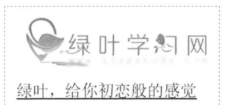

图 8-7　带超链接的网页

第 9 章

表单

9.1 表单简介

9.1.1 表单是什么

在前面的章节中，我们学习了各种各样的标签。不过使用这些标签做出来的都是静态页面，动态页面是没办法实现的。如果想要做出一个动态页面，我们就需要借助表单来实现。

对于表单，相信小伙伴们接触过不少，像注册登录、话费充值、发表评论等都用到了表单，如图 9-1、图 9-2 和图 9-3 所示。其中，文本框、按钮、下拉菜单等就是常见的表单元素。

图 9-1　注册登录

充话费	充流里		机票　点卡
请输入手机号			充值

图 9-2　话费充值

图 9-3　评论交流

在"4.1 文本简介"这一节，我们已经详细探讨了静态页面与动态页面之间的区别。简单地说，如果一个页面仅仅供用户浏览，那就是静态页面。如果这个页面还能实现与服务器进行数据交互（像注册登录、话费充值、评论交流），那就是动态页面。

表单是我们接触动态页面的第一步。其中表单最重要的作用就是在浏览器端收集用户的信息，然后将数据提交给服务器来处理。

可能有些初学者就会问："我用表单做了一个用户登录功能，怎么在服务器中判断账号和密码是否正确呢？"大家不要着急，我们在 HTML 学习中要做的仅仅是把登录注册、话费充值这些表单的**页面效果**做出来就可以了。至于怎么在服务器处理这些信息，那就不是 HTML 的范畴了，而是属于神秘的后端技术。这个等大家学了 PHP、JSP 或 ASP.NET 等后端技术，自然就会知道了。

总而言之，一句话：**学习 HTML 只需要把效果做出来就可以，不需要考虑数据处理。**

9.1.2　表单标签

在 HTML 中，表单标签有 5 种：form、input、textarea、select 和 option。图 9-4 所示的这个表单，已经把这 5 种表单标签都用上了。在这一章的学习中，最基本的要求就是把这个表单做出来。

图 9-4　表单

根据外观进行划分，表单可以分为以下 8 种。

- ▶ 单行文本框。
- ▶ 密码文本框。
- ▶ 单选框。
- ▶ 复选框。
- ▶ 按钮。
- ▶ 文件上传。
- ▶ 多行文本框。
- ▶ 下拉列表。

9.2　form 标签

9.2.1　form 标签简介

在 HTML 中，我们知道表格的行（tr）、单元格（th、td）等都必须放在 table 标签内部。创建一个表单，与创建一个表格一样，我们也必须要把所有表单标签放在 form 标签内部。

表单与表格是两个完全不一样的概念，但是还是有不少初学者分不清。记住，我们常说的表单，指的是文本框、按钮、单选框、复选框、下拉列表等的统称。

▌ 语法

```
<form>
    各种表单标签
</form>
```

▌ 举例

```
<!DOCTYPE html>
<html>
<head>
    <meta charset="utf-8"/>
    <title></title>
</head>
<body>
    <form>
        <input type="text" value="这是一个单行文本框"/><br/>
        <textarea>这是一个多行文本框</textarea><br/>
        <select>
            <option>HTML</option>
            <option>CSS</option>
            <option>JavaScript</option>
        </select>
    </form>
</body>
</html>
```

浏览器预览效果如图 9-5 所示。

图 9-5　form 标签

▼ **分析**

input、textarea、select、option 都是表单标签，必须要放在 form 标签内部。对于这些表单标签，后面会慢慢学到，暂时不需要深入了解。

9.2.2　form 标签属性

在 HTML 中，form 标签的常用属性如表 9-1 所示。

表 9-1　form 标签属性

属性	说明
name	表单名称
method	提交方式
action	提交地址
target	打开方式
enctype	编码方式

对于刚接触 HTML 的小伙伴来说，form 标签的这几个属性，与 head 标签中的几个标签一样，缺乏操作性且比较抽象。不过没关系，我们简单看一下就行，等学了后端技术自然就能真正地理解了。

1. name 属性

在一个页面中，表单可能不止一个，每一个 form 标签就是一个表单。为了区分这些表单，我们可以使用 name 属性来给表单命名。

▼ **举例**

```
<form name="myForm"></form>
```

2. method 属性

在 form 标签中，method 属性用于指定表单数据使用哪一种 http 提交方法。method 属性取值有两个：一个是"get"，另外一个是"post"。

get 的安全性较差，而 post 的安全性较好。所以在实际开发中，大多数情况下我们都是使用 post。

```
<form method="post"></form>
```

3. action 属性

在 form 标签中，action 属性用于指定表单数据提交到哪一个地址进行处理。

▼ 举例

```
<form action="index.php"></form>
```

4. target 属性

form 标签的 target 属性与 a 标签的 target 属性是一样的，都是用来指定窗口的打开方式。一般情况下，我们只会用到"_blank"这一个属性值。

▼ 举例

```
<form target="_blank"></form>
```

5. enctype 属性

在 form 标签中，enctype 属性用于指定表单数据提交的编码方式。一般情况下，我们不需要设置，除非你用到上传文件功能。

9.3　input 标签

在 HTML 中，大多数表单都是使用 input 标签来实现的。

▼ 语法

```
<input type="表单类型" />
```

▼ 说明

input 是自闭合标签，它是没有结束符号的。其中 type 属性取值如表 9-2 所示。

表 9-2　input 标签的 type 属性取值

属性值	浏览器效果	说明
text	helicopter	单行文本框
password	••••••••••	密码文本框
radio	性别：○男○女	单选框
checkbox	兴趣：□旅游□摄影□运动	多选框
button 或 submit 或 reset	按钮	按钮
file	选择文件　未选择任何文件	文件上传

在接下来的几个小节中，我们仅仅会用到 input 标签，这些表单的类型是由 type 属性的取值决定的。了解这个，可以让我们的学习思路更为清晰。

9.4　单行文本框

9.4.1　单行文本框简介

在 HTML 中，单行文本框是使用 input 标签来实现的，其中 type 属性取值为"text"。单行文本框常见于网站的注册登录功能中。

▌ **语法**

```
<input type="text" />
```

▌ **举例**

```
<!DOCTYPE html>
<html>
<head>
    <meta charset="utf-8" />
    <title></title>
</head>
<body>
    <form method="post">
        姓名:<input type="text" />
    </form>
</body>
</html>
```

浏览器预览效果如图 9-6 所示。

姓名：

图 9-6　单行文本框效果

9.4.2　单行文本框属性

在 HTML 中，单行文本框常用属性如表 9-3 所示。

表 9-3　单行文本框常用属性

属性	说明
value	设置单行文本框的默认值，也就是默认情况下单行文本框显示的文字
size	设置单行文本框的长度
maxlength	设置单行文本框中最多可以输入的字符数

对于元素属性的定义，是没有先后顺序的，你可以将 value 定义在前面，也可以定义在后面。

▛ 举例：value 属性

```
<!DOCTYPE html>
<html>
<head>
    <meta charset="utf-8" />
    <title></title>
</head>
<body>
    <form method="post">
        姓名:<input type="text" /><br />
        姓名:<input type="text" value="helicopter"/>
    </form>
</body>
</html>
```

浏览器预览效果如图 9-7 所示。

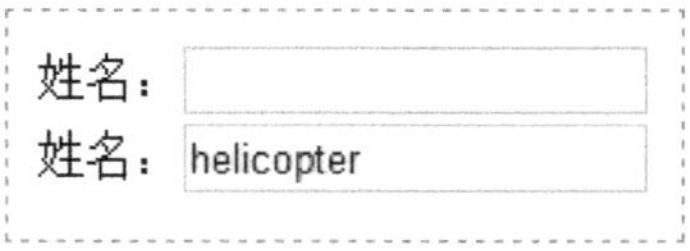

图 9-7　value 属性效果

▛ 分析

value 属性用于设置单行文本框中默认的文本，如果没有设置，文本框就是空白的。

▛ 举例：size 属性

```
<!DOCTYPE html>
<html>
<head>
    <meta charset="utf-8" />
    <title></title>
</head>
<body>
    <form method="post">
        姓名:<input type="text" size="20"/><br />
        姓名:<input type="text" size="10"/>
    </form>
</body>
</html>
```

浏览器预览效果如图 9-8 所示。

图 9-8　size 属性效果

▚ 分析

size 属性可以用来设置单行文本框的长度，不过在实际开发中，我们一般不会用到这个属性，而是使用 CSS 来控制。

▚ 举例: maxlength 属性

```
<!DOCTYPE html>
<html>
<head>
    <meta charset="utf-8" />
    <title></title>
</head>
<body>
    <form method="post"><form method="post">
        姓名:<input type="text" />
        姓名:<input type="text" maxlength="5"/>
    </form>
</body>
</html>
```

浏览器预览效果如图 9-9 所示。

图 9-9　maxlength 属性效果

▚ 分析

从外观上看不出加上与不加上 maxlength 有什么区别，不过当我们输入内容后，会发现设置 maxlength="5" 的单行文本框最多只能输入 5 个字符，如图 9-10 所示。

图 9-10　maxlength 加上与没加上的区别

9.5　密码文本框

9.5.1　密码文本框简介

密码文本框在外观上与单行文本框相似，两者拥有相同的属性（如 value、size、maxlength 等）。不过它们有着本质上的区别：**在单行文本框中输入的字符是可见的，而在密码文本框中输入的**

字符不可见。

我们可以把密码文本框看成是一种特殊的单行文本框。对于两者的区别，从图 9-11 就可以很清晰地看出来。

图 9-11　单行文本框与密码文本框

▌ **语法**

```
<input type="password" />
```

▌ **举例**

```
<!DOCTYPE html>
<html>
<head>
    <meta charset="utf-8" />
    <title></title>
</head>
<body>
    <form method="post">
        账号:<input type="text" /><br />
        密码:<input type="password" />
    </form>
</body>
</html>
```

浏览器预览效果如图 9-12 所示。

图 9-12　密码文本框

▌ **分析**

密码文本框与单行文本框在外观上是一样的，但是当我们输入内容后，就会看出两者的区别，如图 9-13 所示。

图 9-13　输入内容后

9.5.2　密码文本框属性

密码文本框可以看成是一种特殊的单行文本框，它拥有和单行文本框一样的属性，如表 9-4 所示。

表 9-4　密码文本框常用属性

属性	说明
value	设置密码文本框的默认值，也就是默认情况下密码文本框显示的文字
size	设置密码文本框的长度
maxlength	设置密码文本框中最多可以输入的字符数

▌ **举例**

```html
<!DOCTYPE html>
<html>
<head>
    <meta charset="utf-8" />
    <title></title>
</head>
<body>
    <form method="post">
        账号:<input type="text" size="15" maxlength="10" /><br />
        密码:<input type="password" size="15" maxlength="10" />
    </form>
</body>
</html>
```

浏览器预览效果如图 9-14 所示。

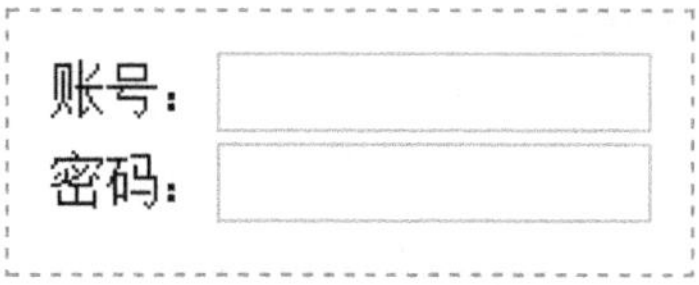

图 9-14　密码文本框的属性

▼ 分析

虽然，这个例子的预览效果与前一个例子的差不多，但事实上，文本框的长度（size）和可输入字符数（maxlength）已经改变了。当我们输入内容后，效果如图 9-15 所示。

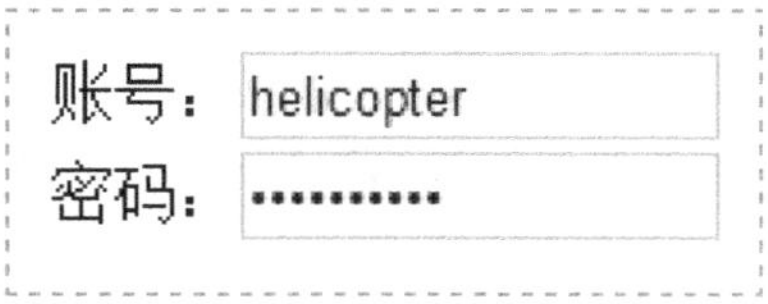

账号：helicopter
密码：●●●●●●●●●

图 9-15　输入内容后的效果

密码文本框只能使周围的人看不见你输入的内容是什么，实际上它并不能保证数据的安全。为了保证数据安全，我们需要在浏览器与服务器之间建立一个安全连接，不过这属于后端技术，这里了解一下就行。

9.6　单选框

9.6.1　单选框简介

在 HTML 中，单选框也是使用 input 标签来实现的，其中 type 属性取值为 "radio"。

▼ 语法

```
<input type="radio" name="组名" value="取值" />
```

▼ 说明

name 属性表示单选按钮所在的组名，而 value 表示单选按钮的取值，这两个属性必须要设置。

▼ 举例

```
<!DOCTYPE html>
<html>
<head>
    <meta charset="utf-8" />
    <title></title>
</head>
<body>
    <form method="post">
        性别：
        <input type="radio" name="gender" value="男" />男
        <input type="radio" name="gender" value="女" />女
    </form>
</body>
</html>
```

浏览器预览效果如图 9-16 所示。

性别：◯ 男 ◯ 女

图 9-16   单选框效果

� 分析

我们可以发现，对于这一组单选按钮，只能选中其中一项，而不能同时选中两项。这就是所谓的"单选框"。

可能有小伙伴会问："如果想要在默认情况下，让第一个单选框选中，该怎么做呢？"此时可以使用 checked 属性来实现。

▶ 举例：checked 属性

```html
<!DOCTYPE html>
<html>
<head>
    <meta charset="utf-8" />
    <title></title>
</head>
<body>
    <form method="post">
        性别：
        <input type="radio" name="gender" value="男" checked />男
        <input type="radio" name="gender" value="女" />女
    </form>
</body>
</html>
```

浏览器预览效果如图 9-17 所示。

性别：◉ 男 ◯ 女

图 9-17   checked 属性效果

▶ 分析

我们可能会看到 checked 属性没有属性值，其实这是 HTML5 的最新写法。下面两句代码其实是等价的，不过一般都是采用缩写形式。

```html
<input type="radio" name="gender" value="男" checked />男
<input type="radio" name="gender" value="男" checked="checked" />男
```

9.6.2   忽略点

很多小伙伴没有深入了解单选框，在平常开发时经常会忘记加上 name 属性，或者随便写就算了。接下来，我们详细讲解一下单选框常见的忽略点。

▆ 举例：没有加上 name 属性

```
<!DOCTYPE html>
<html>
<head>
    <meta charset="utf-8" />
    <title></title>
</head>
<body>
    <form method="post">
        性别：
        <input type="radio" value="男" />男
        <input type="radio" value="女" />女
    </form>
</body>
</html>
```

浏览器预览效果如图 9-18 所示。

性别： ○ 男 　○ 女

图 9-18　没有加上 name 属性的效果

▆ 分析

没有加上 name 属性，预览效果好像没有变化。但是当我们选取的时候，会发现居然可以同时选中两个选项，如图 9-19 所示。

性别： ◉ 男 　◉ 女

图 9-19　两个选项同时被选中的效果

这就和预期效果完全不符合了，因此我们必须要加上 name 属性。有小伙伴就会问了："在同一组单选框中，name 属性取值能否不一样呢？"下面再来看一个例子。

▆ 举例：name 取值不一样

```
<!DOCTYPE html>
<html>
<head>
    <meta charset="utf-8" />
    <title></title>
</head>
<body>
    <form method="post">
        性别：
        <input type="radio" name="gender1" value="男" />男
        <input type="radio" name="gender2" value="女" />女
    </form>
```

```
</body>
</html>
```

浏览器预览效果如图 9-20 所示。

性别：○男　○女

图 9-20　name 取值不一样

▌ 分析

在这个例子中，我们发现两个选项还是可以被同时选取。因此在实际开发中，对于同一组的单选框，必须要设置一个相同的 name，这样才会把这些选项归为同一个组。对于这一点，我们再举一个复杂点的例子，小伙伴们就会明白了。

▌ 举例：正确的写法

```
<!DOCTYPE html>
<html>
<head>
    <meta charset="utf-8" />
    <title></title>
</head>
<body>
    <form method="post">
        性别：
        <input type="radio" name="gender" value="男" />男
        <input type="radio" name="gender" value="女" />女<br />
        年龄：
        <input type="radio" name="age" value="80后" />80后
        <input type="radio" name="age" value="90后" />90后
        <input type="radio" name="age" value="00后" />00后
    </form>
</body>
</html>
```

浏览器预览效果如图 9-21 所示。

性别：○男　○女
年龄：○80后　○90后　○00后

图 9-21　单选框实例

▌ 分析

这里定义了两组单选框，在每一组中，选项之间都是互斥的。也就是说，在同一组中，只能选中其中一项。

最后有一点要说明一下，为了更好地语义化，表单元素与后面的文本一般都需要借助 label 标签关联起来。

```
<input type="radio" name="gender" value="男" />男
<input type="radio" name="gender" value="女" />女
```

像上面这段代码，正确的应该写成下面这样。

```
<label><input type="radio" name="gender" value="男" />男</label>
<label><input type="radio" name="gender" value="女" />女</label>
```

为了减轻初学者的负担，对于这种规范写法，暂时不用考虑。

【解惑】

对于单选框，加上 value 与没加上好像没啥区别啊？为啥还加上呢？

一般情况下，value 属性取值与后面的文本是相同的。之所以加上 value 属性，是为了方便 JavaScript 或者服务器操作数据。实际上，所有表单元素的 value 属性的作用都是一样的。

对于表单这一章，初学者肯定会有很多疑惑的地方，但是这些地方我们只有学到后面才能理解。所以小伙伴们现在按部就班地学着，哪些地方该加什么就加什么，以便养成良好的编程习惯。

9.7　复选框

在 HTML 中，复选框也是使用 input 标签来实现的，其中 type 属性取值为 "checkbox"。单选框只能选择一项，而复选框可以选择多项。

◤ 语法

```
<input type="checkbox" name="组名" value="取值" />
```

◤ 说明

name 属性表示复选框所在的组名，而 value 表示复选框的取值。与单选框一样，这两个属性也必须要设置。

◤ 举例

```
<!DOCTYPE html>
<html>
<head>
    <meta charset="utf-8" />
    <title></title>
</head>
<body>
    <form method="post">
        你喜欢的水果: <br/>
        <input type="checkbox" name="fruit" value="苹果"/>苹果
        <input type="checkbox" name="fruit" value="香蕉"/>香蕉
        <input type="checkbox" name="fruit" value="西瓜"/>西瓜
        <input type="checkbox" name="fruit" value="李子"/>李子
```

```
        </form>
    </body>
</html>
```

浏览器预览效果如图 9-22 所示。

图 9-22　复选框效果

▌ 分析

复选框中的 name 与单选框中的 name 都是用来设置"组名"的，表示该选项位于哪一组中。

两者都设置 name 属性，但为什么单选框只能选中一项，而复选框可以选择多项呢？这是因为浏览器会自动识别这是"单选框组"还是"复选框组"（说白了就是根据 type 属性取值来识别）。如果是单选框组，就只能选择一项；如果是复选框组，就可以选择多项。

想在默认情况下，让复选框某几项被选中，我们也可以使用 checked 属性来实现。这一点与单选框是一样的。

▌ 举例：checked 属性

```
<!DOCTYPE html>
<html>
<head>
    <meta charset="utf-8" />
    <title></title>
</head>
<body>
    <form method="post">
        你喜欢的水果：<br/>
        <input type="checkbox" name="fruit" value="苹果" checked/>苹果
        <input type="checkbox" name="fruit" value="香蕉"/>香蕉
        <input type="checkbox" name="fruit" value="西瓜" checked/>西瓜
        <input type="checkbox" name="fruit" value="李子"/>李子
    </form>
</body>
</html>
```

浏览器预览效果如图 9-23 所示。

图 9-23　checked 属性

单选框与复选框在很多地方都是相似的。我们多对比理解一下，这样更能加深印象。

9.8 按钮

在 HTML 中，常见的按钮有 3 种：普通按钮（button），提交按钮（submit），重置按钮（reset）。

9.8.1 普通按钮 button

在 HTML 中，普通按钮一般情况下都是配合 JavaScript 来进行各种操作的。

▌ 语法

```
<input type="button" value="取值" />
```

▌ 说明

value 的取值就是按钮上的文字。

▌ 举例

```html
<!DOCTYPE html>
<html>
<head>
    <meta charset="utf-8" />
    <title></title>
    <script>
        window.onload = function ()
        {
            var oBtn = document.getElementsByTagName("input");
            oBtn[0].onclick = function ()
            {
                alert("I ❤ HTML! ");
            };
        }
    </script>
</head>
<body>
    <form method="post">
        <input type="button" value="表白"/>
    </form>
</body>
</html>
```

浏览器预览效果如图 9-24 所示。

表白

图 9-24　普通按钮

▌ 分析

对于这段功能代码，我们不需要理解，等学到 JavaScript 时就懂了。当我们单击按钮后，会弹出对话框，如图 9-25 所示。

图 9-25 对话框效果

9.8.2 提交按钮 submit

在 HTML 中，提交按钮一般都是用来给服务器提交数据的。我们可以把提交按钮看成是一种特殊功能的普通按钮。

▌ 语法

```
<input type="submit" value="取值" />
```

▌ 说明

value 的取值就是按钮上的文字。

▌ 举例

```
<!DOCTYPE html>
<html>
<head>
    <meta charset="utf-8" />
    <title></title>
</head>
<body>
    <form method="post">
        <input type="button" value="普通按钮"/>
        <input type="submit" value="提交按钮"/>
    </form>
</body>
</html>
```

浏览器预览效果如图 9-26 所示。

普通按钮   提交按钮

图 9-26 提交按钮效果

▌ **分析**

提交按钮与普通按钮在外观上没有什么不同，两者的区别在于功能上。对于初学者来说，暂时了解一下就行。

9.8.3 重置按钮 reset

在 HTML 中，重置按钮一般用来清除用户在表单中输入的内容。重置按钮也可以看成是具有特殊功能的普通按钮。

▌ **语法**

```
<input type="reset" value="取值" />
```

▌ **说明**

value 的取值就是按钮上的文字。

▌ **举例**

```
<!DOCTYPE html>
<html>
<head>
    <meta charset="utf-8" />
    <title></title>
</head>
<body>
    <form method="post">
        账号:<input type="text" /><br />
        密码:<input type="password" /><br />
        <input type="reset" value="重置" />
    </form>
</body>
</html>
```

浏览器预览效果如图 9-27 所示。

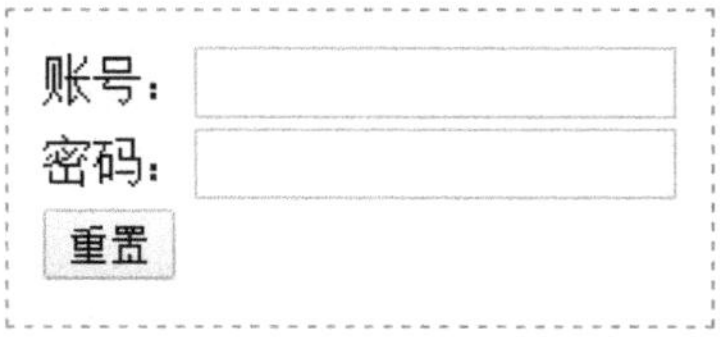

账号：
密码：
重置

图 9-27 重置按钮

▌ **分析**

我们在文本框中输入内容，然后按下重置按钮，会发现内容被清空了！其实，这就是重置按钮的功能。

不过我们要注意一点：重置按钮只能清空它"所在 form 标签"内表单中的内容，对于当前所在 form 标签之外的表单清除是无效的。

▆ 举例

```
<!DOCTYPE html>
<html>
<head>
    <meta charset="utf-8" />
    <title></title>
</head>
<body>
    <form method="post">
        账号:<input type="text" /><br />
        密码:<input type="password" /><br />
        <input type="reset" value="重置" /><br />
    </form>
    昵称:<input type="text" />
</body>
</html>
```

浏览器预览效果如图 9-28 所示。

图 9-28　重置按钮

▆ 分析

我们在所有文本框中输入内容，然后单击重置按钮，会发现只会清除这个重置按钮所在 form 标签内的表单。此外，提交按钮也是针对当前所在 form 标签而言的。

▆ 举例

```
<!DOCTYPE html>
<html>
<head>
    <meta charset="utf-8" />
    <title></title>
</head>
<body>
    <form method="post">
        <input type="button" value="按钮" />
        <input type="submit" value="按钮" />
        <input type="reset" value="按钮" />
    </form>
</body>
</html>
```

浏览器预览效果如图 9-29 所示。

图 9-29 3 种按钮

分析

3 种按钮虽然从外观上看起来是一样的，但是实际功能却是不一样的。最后，我们总结一下普通按钮、提交按钮以及重置按钮的区别。

- 普通按钮一般情况下都是配合 JavaScript 来进行各种操作的。
- 提交按钮一般都是用来给服务器提交数据的。
- 重置按钮一般用来清除用户在表单中输入的内容。

9.8.4 button 标签

从上面我们知道，普通按钮、提交按钮以及重置按钮这 3 种按钮都是使用 input 标签来实现的。其实还有一种按钮是使用 button 标签来实现的。

语法

```
<button></button>
```

说明

在实际开发中，基本不会用到 button 标签，因此只需简单了解一下即可。

9.9 文件上传

文件上传功能我们经常用到，如百度网盘、QQ 邮箱等，都涉及这个功能，如图 9-30 所示。文件上传功能的实现需要用到后端技术，不过在学习 HTML 时，我们只需要关心怎么做出页面效果就行了，对于具体的功能实现不需要去深究。

图 9-30 邮箱中的“文件上传”

在 HTML 中，文件上传也是使用 input 标签来实现的，其中 type 属性取值为"file"。

� **语法**

```
<input type="file" />
```

▸ **举例**

```
<!DOCTYPE html>
<html>
<head>
    <meta charset="utf-8" />
    <title></title>
</head>
<body>
    <form method="post">
        <input type="file"/>
    </form>
</body>
</html>
```

浏览器预览效果如图 9-31 所示。

选择文件　未选择任何文件

图 9-31　文件上传效果

▸ **分析**

当我们单击【选择文件】按钮后，会发现不能上传文件。这个需要学习后端技术之后才知道怎么实现，小伙伴们加油吧。

9.10　多行文本框

单行文本框只能输入一行文本，而多行文本框却可以输入多行文本。在 HTML 中，多行文本框使用的是 textarea 标签，而不是 input 标签。

▸ **语法**

```
<textarea rows="行数" cols="列数" value="取值">默认内容</textarea>
```

▸ **说明**

多行文本框的默认显示文本是在标签对的内部设置，而不是在 value 属性中设置的。一般情况下，不需要设置默认显示文本。

▸ **举例**

```
<!DOCTYPE html>
<html>
```

```
<head>
    <meta charset="utf-8" />
    <title></title>
</head>
<body>
    <form method="post">
        个人简介: <br/>
        <textarea rows="5" cols="20">请介绍一下你自己</textarea>
    </form>
</body>
</html>
```

浏览器预览效果如图 9-32 所示。

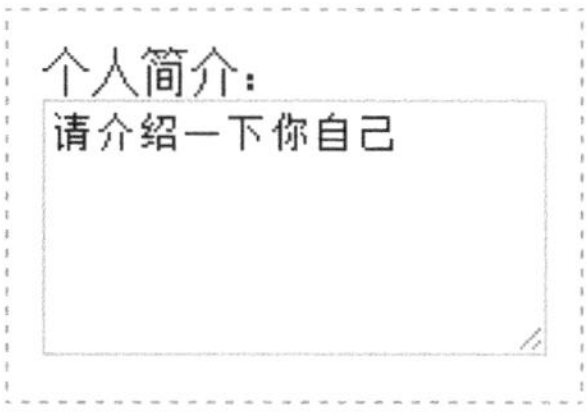

图 9-32 多行文本框

分析

对于文本框，现在我们可以总结出以下 2 点。

- HTML 有 3 种文本框：单行文本框、密码文本框、多行文本框。
- 单行文本框和密码文本框使用的都是 input 标签，多行文本框使用的是 textarea 标签。

9.11 下拉列表

9.11.1 下拉列表简介

在 HTML 中，下拉列表是由 select 和 option 这两个标签配合使用来表示的。这一点与无序列表很像，无序列表是由 ul 和 li 这两个标签配合使用来表示。为了便于理解，我们可以把下拉列表看成是一种“特殊的无序列表”。

语法

```
<select>
    <option>选项内容</option>
    ……
    <option>选项内容</option>
</select>
```

举例

```
<!DOCTYPE html>
```

```
<html>
<head>
    <meta charset="utf-8" />
    <title></title>
</head>
<body>
    <form method="post">
        <select>
            <option>HTML</option>
            <option>CSS</option>
            <option>jQuery</option>
            <option>JavaScript</option>
            <option>Vue.js</option>
        </select>
    </form>
</body>
</html>
```

浏览器预览效果如图 9-33 所示。

图 9-33　默认下拉列表

▌ 分析

下拉列表是最节省页面空间的一种方式，因为它在默认情况下只显示一个选项，只有单击后才能看到全部选项。当我们单击下拉列表后，全部选项就会显示出来，预览效果如图 9-34 所示。

图 9-34　展开后的下拉列表

9.11.2　select 标签属性

在 HTML 中，select 标签的常用属性有两个，如表 9-5 所示。

表 9-5　select 标签的常用属性

属性	说明
multiple	设置下拉列表可以选择多项
size	设置下拉列表显示几个列表项，取值为整数

▌ 举例：multiple 属性

```
<!DOCTYPE html>
<html>
<head>
    <meta charset="utf-8" />
    <title></title>
</head>
<body>
    <form method="post">
        <select multiple>
            <option>HTML</option>
            <option>CSS</option>
            <option>jQuery</option>
            <option>JavaScript</option>
            <option>Vue.js</option>
            <option>HTML5</option>
            <option>CSS3</option>
        </select>
    </form>
</body>
</html>
```

浏览器预览效果如图 9-35 所示。

图 9-35　multiple 属性效果

▌ 分析

默认情况下，下拉列表只能选择一项。如果想要同时选取多项，首先要设置 multiple 属性，然后使用"Ctrl+ 鼠标左键"来选取。

下拉列表的 multiple 属性没有属性值，这是 HTML5 的最新写法，这个与单选框中的 checked 属性是一样的。

▌ 举例：size 属性

```
<!DOCTYPE html>
<html>
```

```
<head>
    <meta charset="utf-8" />
    <title></title>
</head>
<body>
    <form method="post">
        <select size="5">
            <option>HTML</option>
            <option>CSS</option>
            <option>jQuery</option>
            <option>JavaScript</option>
            <option>Vue.js</option>
            <option>HTML5</option>
            <option>CSS3</option>
        </select>
    </form>
</body>
</html>
```

浏览器预览效果如图 9-36 所示。

图 9-36 size 属性效果

分析

有些小伙伴将 size 取值设置为 1、2 或 3 时，会发现 Chrome 浏览器无效。这是因为 Chrome 浏览器要求最低是 4 个选项，因此我们只能设置 4 及以上的数字。

9.11.3 option 标签属性

在 HTML 中，option 标签的常用属性有两个，如表 9-6 所示。

表 9-6 option 标签的常用属性

属性	说明
selected	是否选中
value	选项值

对于 value 属性，就不用多说了，几乎所有表单元素都有 value 属性，这个属性是配合 JavaScript 以及服务器进行操作的。

举例：selected 属性

```
<!DOCTYPE html>
<html>
```

```
<head>
    <meta charset="utf-8" />
    <title></title>
</head>
<body>
    <form method="post">
        <select size="5">
            <option>HTML</option>
            <option>CSS</option>
            <option selected>jQuery</option>
            <option>JavaScript</option>
            <option>Vue.js</option>
            <option>HTML5</option>
            <option>CSS3</option>
        </select>
    </form>
</body>
</html>
```

浏览器预览效果如图 9-37 所示。

图 9-37　selected 属性效果

▶ 分析

selected 属性表示列表项是否被选中，它是没有属性值的，这也是 HTML5 的最新写法，这个与单选框中的 checked 属性是一样的。

如果我们把 size="5" 去掉，此时预览效果如图 9-38 所示。

图 9-38　去掉 size="5"

▶ 举例：value 属性

```
<!DOCTYPE html>
<html>
<head>
    <meta charset="utf-8" />
    <title></title>
</head>
```

```
<body>
    <form method="post">
        <select size="5">
            <option value="HTML">HTML</option>
            <option value="CSS">CSS</option>
            <option value="jQuery">jQuery</option>
            <option value="JavaScript">JavaScript</option>
            <option value="vue.js">Vue.js</option>
            <option value="HTML5">HTML5</option>
            <option value="CSS3">CSS3</option>
        </select>
    </form>
</body>
</html>
```

浏览器预览效果如图 9-39 所示。

图 9-39　value 属性效果

【解惑】

1.　表单元素那么多，而且都有好几个属性，应该怎么记忆呢？

对于初学者来说，表单记忆是比较令人头疼的一件事。在 HTML 入门时，我们不需要花太多时间去记忆这些标签或属性，只需要感性认知即可。忘了的时候，就回来翻一下。此外，HBuilder 也会有代码提示，写多了自然就记住了。

2.　表单元素是否一定要放在 form 标签内呢？

表单元素不一定都要放在 form 标签内。对于要与服务器进行交互的表单元素，必须放在 form 标签内才有效。如果表单元素不需要与服务器进行交互，那就没必要放在 form 标签内。

9.12　本章练习

一、单选题

1.　大多数表单元素都是使用（　　　）标签，然后通过 type 属性指定表单类型。

　　A.　input　　　　B.　textarea　　　　　　C.　select　　　　　　　　D.　option

2.　下面的表单元素中，有 value 属性的是（　　　）。

A. 单选框　　　B. 复选框　　　　　　C. 下拉列表　　　　　D. 以上都是

3. 单行文本框使用（　　）实现，密码文本框使用（　　）实现，多行文本框使用（　　）实现。

A. \<textarea>\</textarea>　　　　　　B. \<input type="textarea" />

C. \<input type="text" />　　　　　　D. \<input type="password" />

4. 如果想要定义单选框默认选中效果，可以使用（　　）属性来实现。

A. checked　　　　　　　　　　B. selected

C. type　　　　　　　　　　　　D. 以上都不是

5. 在表单中，input 元素的 type 属性取值为（　　）时，用于创建重置按钮。

A. reset　　　　　　　　　　　B. set

C. button　　　　　　　　　　　D. submit

6. 下面有关表单的说法，正确的是（　　）。

A. 表单其实就是表格，两者是一样的

B. 下拉列表不属于表单，而属于列表的一种

C. 在表单中，group 属性一般用于单选框和复选框分组

D. 在表单中，value 属性一般是为了方便 JavaScript 或服务器操作数据用的

7. 下面对于按钮的说法，不正确的是（　　）。

A. 普通按钮一般情况下都是配合 JavaScript 来进行各种操作的

B. 提交按钮一般都是用来给服务器提交数据的

C. 重置按钮一般用来清除用户在表单中输入的内容

D. 表单中的按钮更多的是使用 button 标签来实现

二、编程题

使用这一章学到的表单标签，制作如图 9-40 所示的表单页面。

图 9-40　表单页面

第 10 章

框架

10.1　iframe 标签

在 HTML 中，我们可以使用 iframe 标签来实现一个内嵌框架。内嵌框架，是指在当前页面再嵌入另外一个网页。

▌ 语法

```
<iframe src="链接地址" width="数值" height="数值"></iframe>
```

▌ 说明

src 是必选的，用于定义链接页面的地址。width 和 height 这两个属性是可选的，分别用于定义框架的宽度和高度。

▌ 举例：嵌入一个页面

```
<!DOCTYPE html>
<html>
<head>
    <meta charset="utf-8" />
    <title></title>
</head>
<body>
    <iframe src="http://www.lvyestudy.com" width="200" height="150"></iframe>
</body>
</html>
```

浏览器预览效果如图 10-1 所示。

图 10-1　iframe 标签

▚ 分析

iframe 实际上就是在当前页面嵌入另外一个页面，我们也可以同时嵌入多个页面。

▚ 举例：嵌入多个页面

```
<!DOCTYPE html>
<html>
<head>
    <meta charset="utf-8" />
    <title></title>
</head>
<body>
    <iframe src="http://www.lvyestudy.com" width="200" height="150"></iframe>
    <iframe src="http://www.ptpress.com.cn" width="200" height="150"></iframe>
</body>
</html>
```

浏览器预览效果如图 10-2 所示。

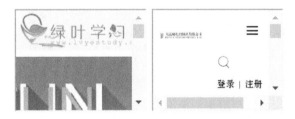

图 10-2　嵌入多个页面

可能有些小伙伴在其他书上看到还有 frameset、frame 标签，事实上这几个标签在 HTML5 标准中已经被废弃了。对于框架，我们只需要掌握 iframe 这一个标签就可以了。

10.2　练习题

单选题

下面有关框架的说法中，正确的是（　　　　）。

A. 我们一般使用 frameset 标签来实现在一个页面中嵌入另外一个页面

B. 一般使用 href 属性来定义 iframe 的链接地址

C. 可以使用 width 和 height 来分别定义 iframe 的宽度和高度

D. iframe 标签在 HTML5 标准中已经被废弃了，现在使用的都是 frame 标签

第二部分
CSS 基础

第 11 章

CSS 简介

11.1　CSS 简介

11.1.1　CSS 是什么

　　CSS，指的是"Cascading Style Sheet（层叠样式表）"，是用来控制网页外观的一门技术。我们知道，前端最核心的 3 个技术是 HTML、CSS、JavaScript，三者的关系如下。

　　"HTML 用于控制网页的结构，CSS 用于控制网页的外观，JavaScript 控制的是网页的行为。"

　　在互联网发展早期，网页都是用 HTML 来做的，这样的页面较为单调。为了改造 HTML 标签的默认外观，使页面变得更加美观，后来就引入了 CSS。

11.1.2　CSS 和 CSS3

　　CSS 发展至今，历经 CSS1.0、CSS2.0、CSS2.1 以及 CSS3.0 这几个版本。其中，CSS2.1 是 CSS2.0 的修订版，CSS3.0 是 CSS 的最新版本，如图 11-1 所示。

图 11-1　CSS3

很多初学者都有一个疑问："现在都 CSS3 的时代了，CSS2 不是被淘汰了吗，为什么还要学 CSS2 呢？"这个认知误区非常严重，曾经误导绝大多数的初学者。其实，我们现在所说的 CSS3，一般指的是相对于 CSS2 "新增加的内容"，并不是说 CSS2 被淘汰了。准确地说，你要学的 CSS 其实等于 CSS2 加上 CSS3。本书介绍的是 CSS2.1，对于 CSS3 新增的技术，小伙伴们可以关注"从 0 到 1 系列"的《从 0 到 1: HTML5+CSS3 修炼之道》这本书。

11.2　CSS 引入方式

想要在一个页面引入 CSS，共有以下 3 种方式。

▶　外部样式表。

▶　内部样式表。

▶　行内样式表。

11.2.1　外部样式表

外部样式表是最理想的 CSS 引入方式。在实际开发中，为了提升网站的性能速度和可维护性，一般都会使用外部样式表。所谓的外部样式表，指的是把 CSS 代码和 HTML 代码单独放在不同文件中，然后在 HTML 文件中使用 link 标签来引用 CSS 文件。

当样式需要被应用到多个页面时，外部样式表是最理想的选择。使用外部样式表，就可以通过更改一个 CSS 文件来改变整个网站的外观。

在 HBuilder 创建一个 CSS 文件很简单，就像创建 HTML 文件一样。不知道怎么创建的，可以自己摸索一下。

外部样式表在单独文件中定义，然后在 HTML 文件的 <head></head> 标签对中使用 link 标签来引用。

▌ 语法

```
<link rel="stylesheet" type="text/css" href="文件路径" />
```

▌ 说明

rel 即 relative 的缩写，它的取值是固定的，即 "stylesheet"，表示引入的是一个样式表文件（即 CSS 文件）。

type 属性的取值也是固定的，即 "text/css"，表示这是标准的 CSS。

href 属性表示 CSS 文件的路径。对于路径，相信小伙伴们已经很熟悉了。

小伙伴们记不住这一句代码也没关系，HBuilder 有着非常强大的代码提示功能，如图 11-2 所示。

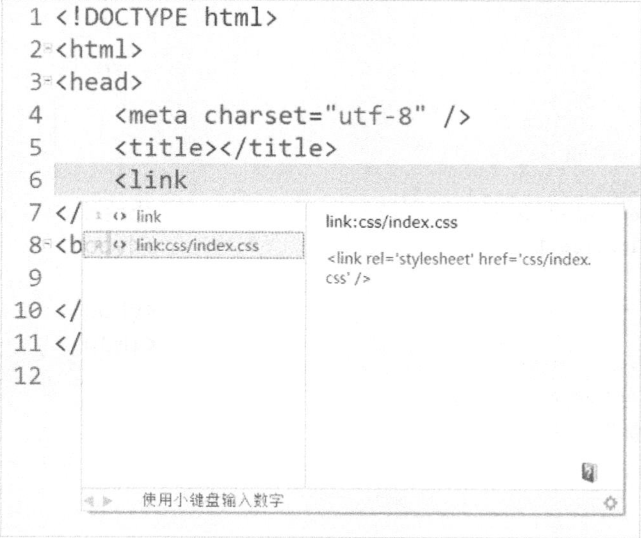

```
1 <!DOCTYPE html>
2 <html>
3 <head>
4     <meta charset="utf-8" />
5     <title></title>
6     <link
7 </    1 <> link
8 <b    <> link:css/index.css
9
10 </
11 </
12
```

```
link:css/index.css

<link rel='stylesheet' href='css/index.
css' />
```

使用小键盘输入数字

图 11-2　HBuilder 代码提示

▼ 举例

```
<!DOCTYPE html>
<html>
<head>
    <meta charset="utf-8" />
    <title></title>
    <link rel="stylesheet" type="text/css" href="css/index.css" />
</head>
<body>
</body>
</html>
```

▼ 分析

如果你使用外部样式表，必须使用 link 标签来引入，而 link 标签是放在 head 标签内的。

11.2.2　内部样式表

内部样式表，指的是把 HTML 代码和 CSS 代码放到同一个 HTML 文件中。其中，CSS 代码放在 style 标签内，style 标签是放在 head 标签内部的。

▼ 语法

```
<style type="text/css">
    ......
</style>
```

▼ 说明

type="text/css" 是必须添加的，表示这是标准的 CSS。

▼ 举例

```
<!DOCTYPE html>
<html>
<head>
    <meta charset="utf-8"/>
    <title></title>
    <style type="text/css">
        div{color:red;}
    </style>
</head>
<body>
    <div>绿叶，给你初恋般的感觉。</div>
    <div>绿叶，给你初恋般的感觉。</div>
    <div>绿叶，给你初恋般的感觉。</div>
</body>
</html>
```

浏览器预览效果如图 11-3 所示。

绿叶，给你初恋般的感觉。
绿叶，给你初恋般的感觉。
绿叶，给你初恋般的感觉。

图 11-3　内部样式表

▼ 分析

如果你使用内部样式表，CSS 样式必须在 style 标签内定义，而 style 标签是放在 head 标签内的。

11.2.3　行内样式表

行内样式表与内部样式表类似，也是把 HTML 代码和 CSS 代码放到同一个 HTML 文件。但是两者有着本质的区别：内部样式表的 CSS 是在"style 标签"内定义的，而行内样式表的 CSS 是在"标签的 style 属性"中定义的。

▼ 举例

```
<!DOCTYPE html>
<html>
<head>
    <meta charset="utf-8"/>
    <title></title>
</head>
<body>
    <div style="color:red;">绿叶，给你初恋般的感觉。</div>
    <div style="color:red;">绿叶，给你初恋般的感觉。</div>
    <div style="color:red;">绿叶，给你初恋般的感觉。</div>
```

```
</body>
</html>
```

浏览器预览效果如图 11-4 所示。

绿叶，给你初恋般的感觉。
绿叶，给你初恋般的感觉。
绿叶，给你初恋般的感觉。

图 11-4　行内样式表

▰ 分析

大家将这个例子和前一个例子对比一下，就知道两段代码实现的效果是一样的，都是定义 3 个 div 元素的颜色为红色。如果使用内部样式表，样式只需要写一遍；但是如果使用行内样式表，则每个元素都要单独写一遍。

行内样式是在每一个元素的内部定义的，冗余代码非常多，并且每次改动 CSS 的时候，必须到元素中一个个去改，这样会导致网站的可读性和可维护性非常差。为什么我们一直强烈不推荐使用 Dreamweaver "点点点" 的方式来开发页面，就是因为这种方式产生的页面代码中，所有的 CSS 样式都是行内样式。

对于这 3 种样式表，在实际开发中，一般都是使用外部样式表。不过在本书中，为了讲解方便，我们采用的都是内部样式表。

【解惑】

不是说 CSS 有 4 种引入方式吗？还有一种是 @import 方式。

@import 方式与外部样式表很相似。不过在实际开发中，我们极少使用 @import 方式，而更倾向于使用 link 方式（外部样式）。原因在于 @import 方式是先加载 HTML 后加载 CSS，而 link 是先加载 CSS 后加载 HTML。如果 HTML 在 CSS 之前加载，页面用户体验就会非常差。因此，对于 @import 这种方式，我们不需要去了解。

11.3　本章练习

单选题

下面说法中，正确的是（　　　）。

A.　现在已经是 CSS3 时代了，没必要再去学 CSS2

B.　一般使用 script 标签来引用外部样式表

C.　在实际开发中，一般使用外部样式表的多

D.　内部样式表和行内样式表在实际开发中一点用处都没有

注：本书所有练习题的答案请见本书的配套资源，配套资源的具体下载方式见本书的前言部分。

第 12 章
CSS 选择器

12.1　元素的 id 和 class

在 HTML 中，id 和 class 是元素最基本的两个属性。一般情况下，id 和 class 都可以用来选择元素，以便进行 CSS 操作或者 JavaScript 操作。

12.1.1　id 属性

id 属性具有唯一性，也就是说，在一个页面中相同的 id 只能出现一次。如果出现了多个相同的 id，那么 CSS 或者 JavaScript 就无法识别这个 id 对应的是哪一个元素。

▼ 举例

```
<!DOCTYPE html>
<html>
<head>
    <meta charset="utf-8"/>
    <title></title>
</head>
<body>
    <div id="content">存在即合理</div>
    <p id="content">存在即合理</p>
</body>
</html>
```

浏览器预览效果如图 12-1 所示。

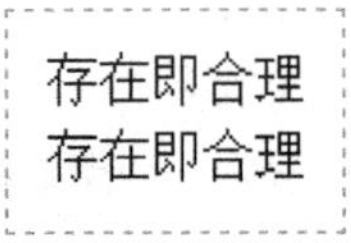

存在即合理
存在即合理

图 12-1　id 属性

上面这段代码是不正确的，因为在同一个页面中，不允许出现两个 id 相同的元素。但是，在不同页面中，可以出现两个 id 相同的元素。

12.1.2　class 属性

class，顾名思义，就是"类"，它与 C++、Java 等编程语言中的"类"相似。我们可以为同一个页面的相同元素或者不同元素设置相同的 class，然后使相同 class 的元素具有相同的 CSS 样式。

▼ 举例

```html
<!DOCTYPE html>
<html>
<head>
    <meta charset="utf-8"/>
    <title></title>
</head>
<body>
    <div class="content">存在即合理</div>
    <p class="content">存在即合理</p>
</body>
</html>
```

浏览器预览效果如图 12-2 所示。

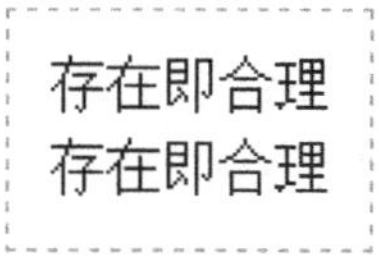

存在即合理
存在即合理

图 12-2　class 属性

▼ 分析

上面这段代码是正确的，因为在同一个页面中，允许出现两个 class 相同的元素。这样可以使我们对具有相同 class 的多个元素，定义相同的 CSS 样式。

对于 id 和 class，我们可以这样理解：id 就像你的身份证号，而 class 就像你的名字。身份证号是唯一的，但是两个人的名字却有可能是一样的。

12.2　选择器是什么

很多书一上来就开始讲："一个样式的语法由 3 部分组成，即选择器、属性和属性值。"接着滔滔不绝地介绍选择器的语法、类型。小伙伴们几乎把选择器这一章看完了，都不知道选择器究竟是什么东西。

在介绍选择器的语法之前，有必要先给大家详细介绍一下选择器究竟是怎么一回事。下面先来看一段代码。

```
<!DOCTYPE html>
<html>
<head>
    <meta charset="utf-8"/>
    <title></title>
</head>
<body>
    <div>绿叶学习网</div>
    <div>绿叶学习网</div>
    <div>绿叶学习网</div>
</body>
</html>
```

浏览器预览效果如图 12-3 所示。

绿叶学习网
绿叶学习网
绿叶学习网

图 12-3　选择器

▰ 分析

对于这个例子，如果我们只想将第 2 个 div 文本颜色变为红色，该怎么实现呢？我们肯定要通过一种方式来"选中"第 2 个 div，只有选中了才可以为其改变颜色，如图 12-4 所示。

图 12-4　选中第 2 个 div

像上面这种选中你想要的元素的方式，我们称之为"选择器"。选择器，就是指用一种方式把你想要的那个元素选中。只有把它选中了，你才可以为这个元素添加 CSS 样式。

在 CSS 中，有很多方式可以把你想要的元素选中，这些不同的方式其实就是不同的选择器。选择器的不同，在于它的选择方式不同，但是它们的最终目的是相同的，就是把你想要的元素选中，这样才可以定义该元素 CSS 样式。当然，你可以用某一种选择器来代替另外一种选择器，这仅仅是选择方式不同罢了，但目的还是一样的。

12.3　CSS 选择器

CSS 选择器非常多，但是在这里我们不会像其他教材那样，恨不得一上来就把所有的 CSS 选择器都介绍完，最后却搞得大家一头雾水。这本书是针对 CSS 入门的小伙伴的，因此我们只会讲解最实用的 5 种选择器。

▶　元素选择器。
▶　id 选择器。
▶　class 选择器。
▶　后代选择器。
▶　群组选择器。

从上一节我们知道，CSS 选择器的功能就是把所想要的元素选中，这样我们才可以操作这些元素的 CSS 样式。其中，CSS 选择器的格式如下。

```
选择器
{
    属性1 ：取值1;
    ……
    属性n ：取值n;
}
```

12.3.1　元素选择器

元素选择器，就是选中相同的元素，然后对相同的元素定义同一个CSS样式，如图12-5所示。

▶ 语法

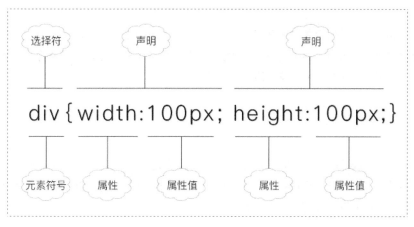

图 12-5　元素选择器

▰ **举例**

```
<!DOCTYPE html>
<html>
<head>
    <meta charset="utf-8"/>
    <title></title>
    <style type="text/css">
        div{color:red;}
    </style>
</head>
<body>
    <div>绿叶学习网</div>
    <p>绿叶学习网</p>
    <span>绿叶学习网</span>
    <div>绿叶学习网</div>
</body>
</html>
```

浏览器预览效果如图 12-6 所示。

图 12-6　元素选择器实例

▰ **分析**

div{color:red;} 表示把页面中所有的 div 元素选中，然后定义它们的文本颜色为红色。

元素选择器会选择指定的相同的元素，而不会选择其他元素。上面例子中的 p 元素和 span 元素没有被选中，因此这两个元素的文本颜色没有变红。

12.3.2　id 选择器

我们可以为元素设置一个 id 属性，然后针对设置了这个 id 的元素定义 CSS 样式，这就是 id 选择器。但要注意，在同一个页面中，是不允许出现两个相同的 id 的。这个与"没有两个人的身份证号相同"是一样的道理，如图 12-7 所示。

▌ 语法

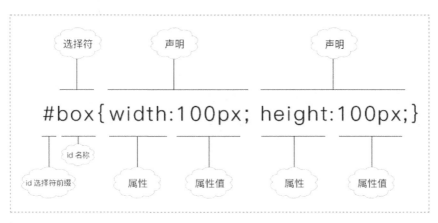

图12-7　id选择器

▌ 说明

对于id选择器，id名前面必须要加上前缀"#"，否则该选择器无法生效，如图12-7所示。id名前面加上"#"，表示这是一个id选择器。

▌ 举例

```html
<!DOCTYPE html>
<html>
<head>
    <meta charset="utf-8" />
    <title></title>
    <style type="text/css">
        #lvye{color:red;}
    </style>
</head>
<body>
    <div>绿叶学习网</div>
    <div id="lvye">绿叶学习网</div>
    <div>绿叶学习网</div>
</body>
</html>
```

浏览器预览效果如图12-8所示。

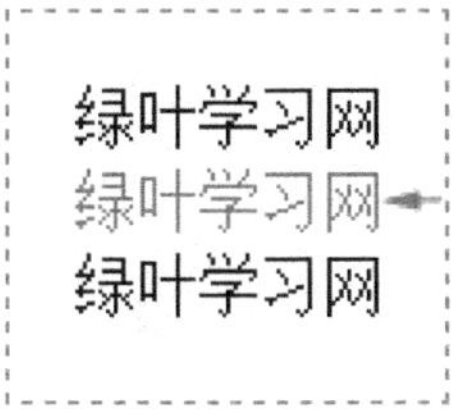

图12-8　id选择器实例

▶ 分析

#lvye{color:red;} 表示选中 id="lvye" 的元素，然后定义它们的文本颜色为红色。

选择器为我们提供了一种选择方式。如果我们不使用选择器，就没办法把第 2 个 div 选中。

12.3.3　class 选择器

class 选择器，也就是"类选择器"。我们可以对"相同的元素"或者"不同的元素"定义相同的 class 属性，然后针对拥有同一个 class 的元素进行 CSS 样式操作。

▶ 语法

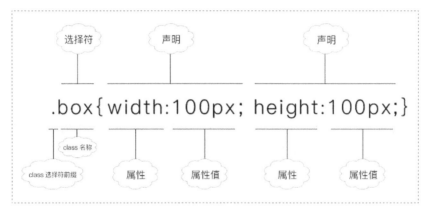

图 12-9　class 选择器

▶ 说明

class 名前面必须要加上前缀英文句号（.），否则该选择器无法生效，如图 12-9 所示。类名前面加上英文句号，表明这是一个 class 选择器。

▶ 举例：为相同的元素定义 class

```
<!DOCTYPE html>
<html>
<head>
    <meta charset="utf-8" />
    <title></title>
    <style type="text/css">
        .lv{color:red;}
    </style>
</head>
<body>
    <div>绿叶学习网</div>
    <div class="lv">绿叶学习网</div>
    <div class="lv">绿叶学习网</div>
</body>
</html>
```

浏览器预览效果如图 12-10 所示。

图 12-10 为相同的元素定义 class

▌ 分析

.lv{color:red;} 表示选中 class="lv" 的所有元素,然后定义它们的文本颜色为红色。

这个页面有 3 个 div,我们可以为后两个 div 设置同一个 class,这样可以同时操作它们的 CSS 样式。此外,第 1 个 div 文本颜色不会变红,因为它没有定义 class="lv",也就是没有被选中。

▌ 举例:为不同的元素定义 class

```html
<!DOCTYPE html>
<html>
<head>
    <meta charset="utf-8" />
    <title></title>
    <style type="text/css">
        .lv{color:red;}
    </style>
</head>
<body>
    <div>绿叶学习网</div>
    <p class="lv">绿叶学习网</p>
    <span class="lv">绿叶学习网</span>
    <div>绿叶学习网</div>
</body>
</html>
```

浏览器预览效果如图 12-11 所示。

图 12-11 为不同的元素定义 class

▰ 分析

p 和 span 是两个不同的元素，我们为这两个不同的元素设置相同的 class，这样就可以同时为 p 和 span 定义相同的 CSS 样式了。

如果要为两个或多个元素定义相同的样式，建议使用 class 选择器，因为这样可以减少大量重复代码。

12.3.4　后代选择器

后代选择器，就是选择元素内部中某一种元素的所有元素：包括子元素和其他后代元素（如"孙元素"）。

▰ 语法

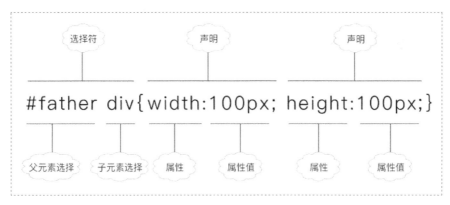

图 12-12　后代选择器

▰ 说明

父元素和后代元素必须要用空格隔开，表示选中某个元素内部的后代元素，如图 12-12 所示。

▰ 举例

```
<!DOCTYPE html>
<html>
<head>
    <meta charset="utf-8" />
    <title></title>
    <style type="text/css">
        #father1 div {color:red;}
        #father2 span{color:blue;}
    </style>
</head>
<body>
    <div id="father1">
        <div>绿叶学习网</div>
        <div>绿叶学习网</div>
    </div>
```

```
    <div id="father2">
        <p>绿叶学习网</p>
        <p>绿叶学习网</p>
        <span>绿叶学习网</span>
    </div>
</body>
</html>
```

浏览器预览效果如图 12-13 所示。

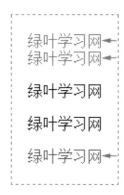

图 12-13　后代选择器实例

▌ 分析

#father1 div {color:red;} 表示选择"id 为 father1 的元素"下的所有 div 元素，然后定义它们的文本颜色为红色。

#father2 span{ color:blue;} 表示选择"id 为 father2 的元素"下的所有 span 元素，然后定义它们的文本颜色为蓝色。

12.3.5　群组选择器

群组选择器，指的是同时对几个选择器进行相同的操作。

▌ 语法

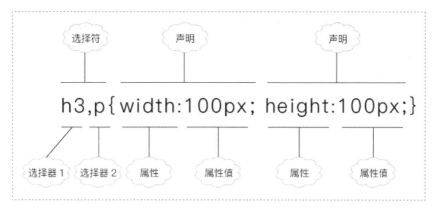

图 12-14　群组选择器

◤ 说明

对于群组选择器，两个选择器之间必须要用英文逗号（,）隔开，不然群组选择器就无法生效，如图 12-14 所示。

◤ 举例

```
<!DOCTYPE html>
<html>
<head>
    <meta charset="utf-8" />
    <title></title>
    <style type="text/css">
        h3, div, p, span {color:red;}
    </style>
</head>
<body>
    <h3>绿叶学习网</h3>
    <div>绿叶学习网</div>
    <p>绿叶学习网</p>
    <span>绿叶学习网</span>
</body>
</html>
```

浏览器预览效果如图 12-15 所示。

图 12-15　群组选择器实例（1）

◤ 举例

h3,div,p,span{……} 表示选中所有的 h3 元素、div 元素、p 元素和 span 元素。

```
<style type="text/css">
    h3,div,p,span{color:red;}
</style>
```

上面这段代码等价于以下代码。

```
<style type="text/css">
    h3{color:red;}
    div{color:red;}
    p{color:red;}
    span{color:red;}
</style>
```

举例

```
<!DOCTYPE html>
<html>
<head>
    <meta charset="utf-8" />
    <title></title>
    <style type="text/css">
        #lvye,.lv,span{color:red;}
    </style>
</head>
<body>
    <div id="lvye">绿叶学习网</div>
    <div>绿叶学习网</div>
    <p>绿叶学习网</p>
    <p class="lv">绿叶学习网</p>
    <span>绿叶学习网</span>
</body>
</html>
```

浏览器预览效果如图 12-16 所示。

图 12-16 群组选择器实例（2）

分析

#lvye,.lv,span{……} 表示选中 id = “lvye” 的元素、class = “lv” 的元素以及所有的 span 元素。

```
<style type="text/css">
    #lvye,.lv,span{color:red;}
</style>
```

上面这段代码等价于以下代码。

```
<style type="text/css">
    #lvye{color:red;}
    .lv{color:red;}
    span{color:red;}
</style>
```

从上面两个例子，我们可以看出群组选择器的效率究竟有多高了吧！

这一节介绍的 5 种选择器，它们的使用频率占所有选择器的 80% 以上，对于初学者来说已经完全够用了。小伙伴们现在先不要急着去学习其他选择器，否则很容易造成混淆。我们在 CSS 进阶的时候再去学习其他选择器。

12.4　本章练习

一、单选题

1. 每一个样式声明之后，要用（　　　）表示一个声明的结束。

　　A. 逗号　　　　B. 分号　　　　　　　C. 句号　　　　D. 顿号

2. 下面哪一项是 CSS 正确的语法结构？（　　　）

　　A. body:color=black　　　　　　　　B. {body;color:black}

　　C. {body:color=black;}　　　　　　　D. body{color:black;}

3. 下面有关 id 和 class 的说法中，正确的是（　　　）。

　　A. id 是唯一的，不同页面中不允许出现相同的 id

　　B. id 就像你的名字，class 就像你的身份证号

　　C. 同一个页面中，不允许出现两个相同的 class

　　D. 可以为不同的元素设置相同的 class 来为他们定义相同的 CSS 样式

4. 下面有关选择器的说法中，不正确的是（　　　）。

　　A. 在 class 选择器中，我们只能对相同的元素定义相同的 class 属性

　　B. 后代选择器选择的不仅是子元素，还包括它的其他后代元素（如"孙元素"）

　　C. 群组选择器可以对几个选择器进行相同的操作

　　D. 想要为某一个元素定义样式，我们可以使用不同的选择器来实现

二、编程题

下面有一段代码，如果我们想要选中所有的 div 和 p，请用至少两种不同的选择器方式来实现，并且选出最简单的一种。

```
<!DOCTYPE html>
<html>
<head>
    <meta charset="utf-8" />
    <title></title>
</head>
<body>
    <div></div>
    <p></p>
    <p></p>
    <strong></strong>
    <span></span>
</body>
</html>
```

第13章
字体样式

13.1 字体样式简介

在学习字体样式之前，我们先来看一下 Word 软件中，对字体的样式都有哪些设置，如图 13-1 所示。

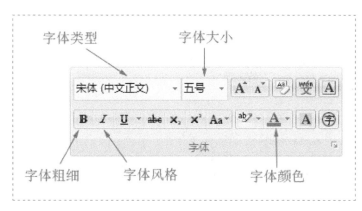

图 13-1 Word 中的字体样式

从上面这个图中，可以很直观地知道这一章中要学习的 CSS 属性，如表 13-1 所示。

表 13-1 字体样式属性

属性	说明
font-family	字体类型
font-size	字体大小
font-weight	字体粗细
font-style	字体风格
color	字体颜色

除了字体颜色，其他字体属性都是以“font”前缀开头的。其中，font就是“字体”的意思。

根据属性的英文意思去理解，可以让我们的学习效率更高。例如，字体大小就是font-size，字体粗细就是font-weight，等等。这样去记忆，是不是感到非常简单呢?

13.2 字体类型：font-family

在Word中，我们往往会使用不同的字体，如宋体、微软雅黑等。在CSS中，我们可以使用font-family属性来定义字体类型。

语法

```
font-family: 字体1, 字体2, ... , 字体N;
```

说明

font-family可以指定多种字体。使用多个字体时，将按从左到右的顺序排列，并且以英文逗号（,）隔开。如果我们不定义font-family，浏览器将会采用默认字体类型，也就是“宋体”。

举例：设置一种字体

```
<!DOCTYPE html>
<html>
<head>
    <meta charset="utf-8" />
    <title></title>
    <style type="text/css">
        #div1{font-family: Arial;}
        #div2{font-family: "Times New Roman";}
        #div3{font-family: "微软雅黑";}
    </style>
</head>
<body>
    <div id="div1">Arial</div>
    <div id="div2">Times New Roman</div>
    <div id="div3">微软雅黑</div>
</body>
</html>
```

浏览器预览效果如图13-2所示。

图13-2 设置一种字体

分析

对于font-family属性，如果字体类型只有一个英文单词，则不需要加上双引号；如果字体类型是多个英文单词或是中文的，则需要加上双引号。注意，这里的双引号是英文双引号，而不是中文双引号。

▌举例：设置多种字体

```
<!DOCTYPE html>
<html>
<head>
    <meta charset="utf-8" />
    <title></title>
    <style type="text/css">
        p{font-family:Arial,Verdana,Georgia;}
    </style>
</head>
<body>
    <p>Rome was not built in a day.</p>
</body>
</html>
```

浏览器预览效果如图 13-3 所示。

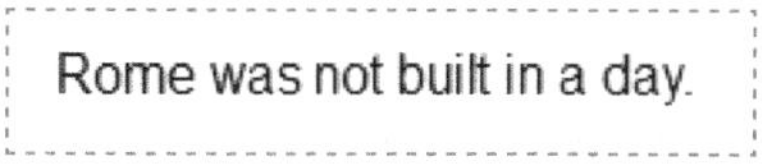

Rome was not built in a day.

图 13-3　设置多种字体

▌分析

对于"p{font-family:Arial,Verdana,Georgia;}"这句代码，小伙伴们可能会感到疑惑：为什么要为元素定义多个字体类型呢？

其实原因是这样的：每个人的电脑装的字体都不一样，有些字体有安装，但也有些字体没有安装。p{font-family:Arial,Verdana,Georgia;} 这一句的意思是 p 元素优先使用"Aria 字体"来显示。如果你的电脑没有安装"Arial 字体"，那就接着考虑"Verdana 字体"。如果你的电脑也没有安装"Verdana 字体"，那就接着考虑"Georgia 字体"……以此类推。如果 Arial、Verdana、Georgia 字体都没有安装，那么 p 元素就会以默认字体（即宋体）来显示。

在实际开发中，比较美观的中文字体有微软雅黑、苹方，英文字体有 Times New Roman 、Arial 和 Verdana。

13.3　字体大小：font-size

在 CSS 中，我们可以使用 font-size 属性来定义字体大小。

▌语法

```
font-size:像素值；
```

▌说明

实际上，font-size 属性取值有两种：一种是"关键字"，如 small、medium、large 等；另外一种是"像素值"，如 10px、16px、21px 等。

不过在实际开发中，关键字这种方式基本不会用，因此我们只需要掌握像素值方式即可。

13.3.1　px 是什么

px 全称 pixel（像素），1 像素指的是一张图片中最小的点，或者是计算机屏幕最小的点。

举个例子，图 13-4 所示是一个新浪图标。将这个图标放大后，就会变成图 13-5 所示的样子。

图 13-4　新浪图标（原图）   图 13-5　新浪图标（放大）

我们会发现，原来一张图片是由很多的小方点组成的。其中，每一个小方点就是一个像素（px）。如果说一台屏幕的分辨率是 800px×600px，指的就是"屏幕宽是 800 个小方点，高是 600 个小方点"。

严格来说，px 属于相对单位，因为屏幕分辨率的不同，1px 的大小也是不同的。例如，Windows 系统的分辨率为每英寸 96px，Mac 系统的分辨率为每英寸 72px。如果不考虑屏幕分辨率，我们也可以把 px 当成绝对单位来看待，这也是很多地方说 px 是绝对单位的原因。

对于初学者来说，1px 可以看成一个小点，多少 px 就可以看成由多少个小点组成。

13.3.2　采用 px 为单位

大家比较熟悉的网站，如百度、新浪、网易等，大部分都使用 px 作为单位。

稍微了解 CSS 的小伙伴都知道，font-size 的取值单位不仅仅是 px，还有 em、百分比等。不过初学 CSS 时，我们只需要掌握 px 这一个就可以了。

▌举例

```
<!DOCTYPE html>
<html>
<head>
    <meta charset="utf-8" />
    <title></title>
    <style type="text/css">
        #p1 {font-size: 10px;}
        #p2 {font-size: 15px;}
        #p3 {font-size: 20px;}
    </style>
```

```
</head>
<body>
    <p id="p1">字体大小为10px</p>
    <p id="p2">字体大小为15px</p>
    <p id="p3">字体大小为20px</p>
</body>
</html>
```

浏览器预览效果如图 13-6 所示。

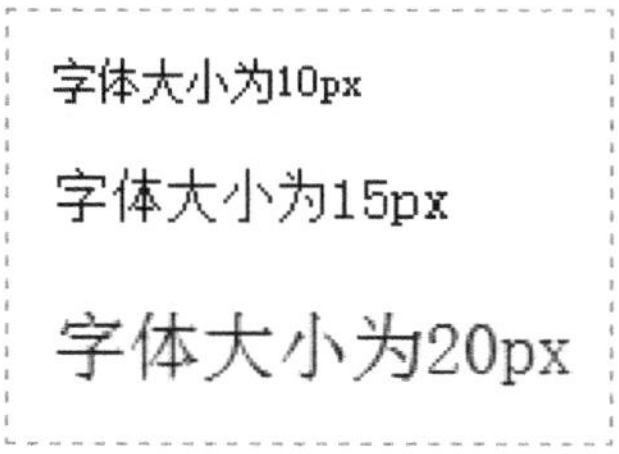

字体大小为10px

字体大小为15px

字体大小为20px

图 13-6　font-size

13.4　字体粗细：font-weight

在 CSS 中，我们可以使用 font-weight 属性来定义字体粗细。注意，字体粗细（font-weight）与字体大小（font-size）是不一样的。粗细指的是字体的"肥瘦"，而大小指的是字体的"宽高"。

▌ 语法

```
font-weight:取值;
```

▌ 说明

font-weight 属性取值有两种：一种是"100~900 的数值"，另一种是"关键字"。其中，关键字取值如表 13-2 所示。

表 13-2　font-weight 属性取值

属性值	说明
normal	正常（默认值）
lighter	较细
bold	**较粗**
bolder	很粗（其实效果与 bold 差不多）

对于实际开发来说，一般我们只会用到 bold 这一个属性值，其他的几乎用不上，这一点大家要记住。

▌ 举例：font-weight 取值为"数值"

```
<!DOCTYPE html>
<html>
<head>
```

```
    <meta charset="utf-8" />
    <title></title>
    <style type="text/css">
        #p1{font-weight: 100;}
        #p2{font-weight: 400;}
        #p3{font-weight: 700;}
        #p4{font-weight: 900;}
    </style>
</head>
<body>
    <p id="p1">字体粗细为:100(lighter)</p>
    <p id="p2">字体粗细为:400(normal)</p>
    <p id="p3">字体粗细为:700(bold)</p>
    <p id="p4">字体粗细为:900(bolder)</p>
</body>
</html>
```

浏览器预览效果如图 13-7 所示。

字体粗细为:100（lighter）
字体粗细为:400（normal）
字体粗细为:700（bold）
字体粗细为:900（bolder）

图 13-7　font-weight 取值为"数值"

▰ 分析

font-weight 属性可以取 100、200、…、900 这 9 个值。其中 100 相当于 lighter，400 相当于 normal，700 相当于 bold，而 900 相当于 bolder。

不过在实际开发中，不建议使用数值（100~900）作为 font-weight 的属性取值，因此这里我们只需要简单了解一下就行。

▰ 举例：font-weight 取值为"关键字"

```
<!DOCTYPE html>
<html>
<head>
    <meta charset="utf-8" />
    <title></title>
    <style type="text/css">
        #p1{font-weight:lighter;}
        #p2{font-weight:normal;}
        #p3{font-weight:bold;}
        #p4{font-weight:bolder;}
    </style>
</head>
<body>
```

```
    <p id="p1">字体粗细为:lighter</p>
    <p id="p2">字体粗细为:normal</p>
    <p id="p3">字体粗细为:bold</p>
    <p id="p4">字体粗细为:bolder </p>
</body>
</html>
```

浏览器预览效果如图 13-8 所示。

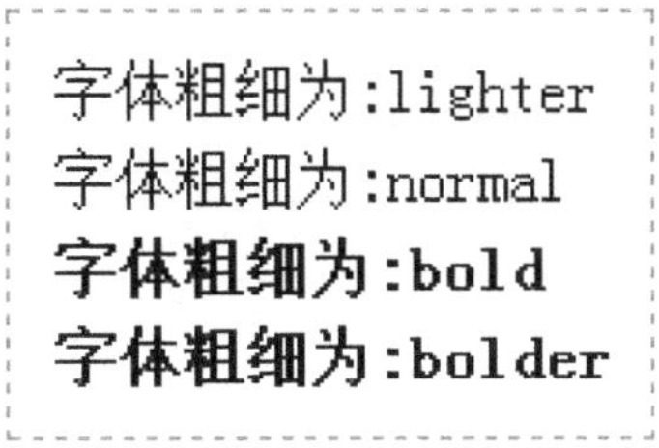

字体粗细为:lighter
字体粗细为:normal
字体粗细为:bold
字体粗细为:bolder

图 13-8　font-weight 取值为"关键字"

13.5　字体风格：font-style

在 CSS 中，我们可以使用 font-style 属性来定义斜体效果。

�'语法

```
font-style:取值;
```

▌说明

font-style 属性取值如表 13-3 所示。

表 13-3　font-style 属性取值

属性值	说明
normal	正常（默认值）
italic	斜体
oblique	斜体

▌举例

```
<!DOCTYPE html>
<html>
<head>
    <meta charset="utf-8" />
    <title></title>
    <style type="text/css">
        #p1{font-style:normal;}
        #p2{font-style:italic;}
        #p3{font-style:oblique;}
    </style>
</head>
```

```
<body>
    <p id="p1">字体样式为normal</p>
    <p id="p2">字体样式为italic </p>
    <p id="p3">字体样式为oblique</p>
</body>
</html>
```

浏览器预览效果如图 13-9 所示。

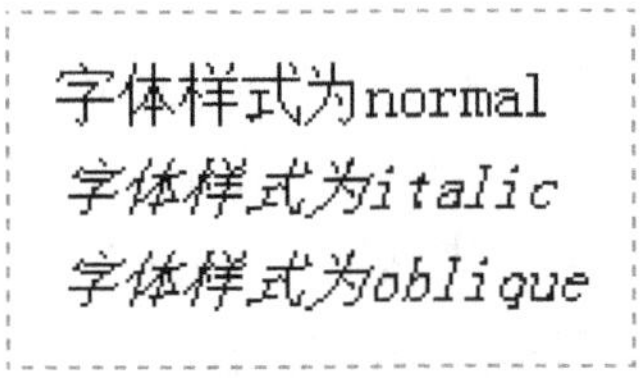

字体样式为normal
字体样式为italic
字体样式为oblique

图 13-9　font-style

▌ 分析

从预览效果可以看出，font-style 属性值为 italic 或 oblique 时，页面效果居然是一样的！那这两者究竟有什么区别呢？

其实 italic 是字体的一个属性，但是并非所有的字体都有这个 italic 属性。对于有 italic 属性的字体，我们可以使用"font-style:italic;"来实现斜体效果。但是对于没有 italic 属性的字体，我们只能另外想办法，也就是使用"font-style:oblique;"来实现。

我们可以这样理解：**有些字体有斜体 italic 属性，但有些字体却没有 italic 属性。oblique 是让没有 italic 属性的字体也能够有斜体效果。**

不过在实际开发中，font-style 属性很少用得到，这一节简单了解一下即可。

13.6　字体颜色：color

在 CSS 中，我们可以使用 color 属性来定义字体颜色。

▌ 语法

color:颜色值；

▌ 说明

color 属性取值有两种，一种是"关键字"，另一种是"十六进制 RGB 值"。除了这两种，其实还有 RGBA、HSL 等，不过后面那几个都属于 CSS3 的内容。

13.6.1　关键字

关键字，指的就是颜色的英文名称，如 red、blue、green 等。在 HBuilder 中，也会有代码提示，很方便。

▌ 举例

```
<!DOCTYPE html>
<html>
<head>
    <meta charset="utf-8" />
    <title></title>
    <style type="text/css">
        #p1{color:gray;}
        #p2{color:orange;}
        #p3{color:red;}
    </style>
</head>
<body>
    <p id="p1">字体颜色为灰色</p>
    <p id="p2">字体颜色为橙色</p>
    <p id="p3">字体颜色为红色</p>
</body>
</html>
```

浏览器预览效果如图 13-10 所示。

字体颜色为灰色
字体颜色为橙色
字体颜色为红色

图 13-10　color 取值为"关键字"

13.6.2　十六进制 RGB 值

单纯靠"关键字"是满足不了实际的开发需求的，因此我们还引入了"十六进制 RGB 值"。所谓的十六进制 RGB 值，指的是类似"#FBF9D0"形式的值。相信经常使用 Photoshop 的小伙伴不会陌生。

那我们就会问了，这种十六进制 RGB 值是怎么获取的呢？此外，又怎样才能获取我们想要的颜色值？常用的方法有两种。

1. 在线工具

在线调色板是一款很不错的在线工具，无需安装，使用起来也非常简单，小伙伴们可以到绿叶学习网（本书配套网站）上面使用。

2. Color Picker

Color Picker 是一款轻巧的软件，软件较小，但功能非常强大。至于下载地址，小伙伴们搜索一下就有了。

此外，对于十六进制颜色值，有两个我们需要知道：#000000 是黑色，#FFFFFF 是白色。

▶ **举例**

```html
<!DOCTYPE html>
<html>
<head>
    <meta charset="utf-8" />
    <title></title>
    <style type="text/css">
        #p1{color: #03FCA1;}
        #p2{color: #048C02;}
        #p3{color: #CE0592;}
    </style>
</head>
<body>
    <p id="p1">字体颜色为#03FCA1</p>
    <p id="p2">字体颜色为#048C02</p>
    <p id="p3">字体颜色为#CE0592</p>
</body>
</html>
```

浏览器预览效果如图 13-11 所示。

字体颜色为#03FCA1
字体颜色为#048C02
字体颜色为#CE0592

图 13-11   color 取值为"十六进制 RGB 值"

13.7   CSS 注释

和学习 HTML 时一样，为了提高代码的可读性和可维护性，方便自己修改以及团队开发，我
们也经常需要对 CSS 中的关键代码做一下注释。

▶ **语法**

```css
/*注释的内容*/
```

▶ **说明**

/* 表示注释的开始，*/ 表示注释的结束。需要特别注意一下，CSS 注释与 HTML 注释的语法
是不一样的，大家不要搞混了。

▶ **举例**

```html
<!DOCTYPE html>
<html>
```

```
<head>
    <meta charset="utf-8" />
    <title></title>
    <style type="text/css">
        /*这是CSS注释*/
        p{color:pink;}
    </style>
</head>
<body>
    <!--这是HTML注释-->
    <p>记忆之所以美，是因为有现实的参照。</p>
</body>
</html>
```

浏览器预览效果如图 13-12 所示。

记忆之所以美，是因为有现实的参照。

图 13-12　HTML 注释与 CSS 注释

▼ 举例

```
<!DOCTYPE html>
<html>
<head>
    <meta charset="utf-8" />
    <title></title>
    <style type="text/css">
        /*使用元素选择器，定义所有p元素样式*/
        p
        {
            font-family:微软雅黑;        /*字体类型为微软雅黑*/
            font-size:14px;              /*字体大小为14px*/
            font-weight:bold;            /*字体粗细为bold*/
            color:red;                   /*字体颜色为red*/
        }
        /*使用id选择器，定义个别样式*/
        #p2
        {
            color:blue;                  /*字体颜色为blue*/
        }
    </style>
</head>
<body>
    <p id="p1">HTML控制网页的结构</p>
    <p id="p2">CSS控制网页的外观</p>
    <p id="p3">JavaScript控制网页的行为</p>
</body>
</html>
```

浏览器预览效果如图 13-13 所示。

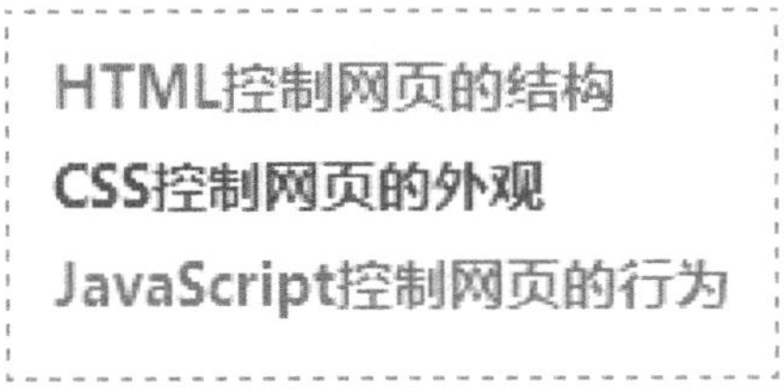

HTML控制网页的结构
CSS控制网页的外观
JavaScript控制网页的行为

图 13-13　CSS 注释

▌ 分析

在这个例子中，我们使用了元素选择器和 id 选择器。元素选择器能把所有相同元素选中然后定义 CSS 样式，而 id 选择器能针对某一个元素定义 CSS 样式。

这里说明一下：浏览器解析 CSS 是有一定顺序的，在这个例子中，第 2 个 p 元素一开始就使用元素选择器定义了一次"color:red;"，然后又接着用 id 选择器定义了一次"color:blue;"。因此后面的会覆盖前面的，最终显示为蓝色。

在这一章的学习中，大家可能都感觉到本书的不同之处了。在这本书中，我们会根据实际开发工作，在各个章节中穿插各种非常棒的技巧。最重要的是，我们会告诉小伙伴们哪些属性该记忆，哪些根本用不上，这可以大大提高学习效率。我曾经作为初学者，什么都学，但过一段时间又忘，然后又接着复习，到最后实践的时候，发现很多知识点都用不上！白白浪费了大量时间和精力。希望我的这些心血与经验，能够为大家节省时间。人生苦短，时间更多地应该用来追逐自己喜欢的东西，而不是在一些弯路上白白浪费。

13.8　本章练习

一、单选题

1. CSS 中可以使用（　　）属性来定义字体粗细。
   A. font-family
   B. font-size
   C. font-weight
   D. font-style
2. 如果想要实现字体颜色为白色，可以使用定义 color 属性值为（　　）。
   A. #000000
   B. #FFFFFF
   C. wheat
   D. black
3. 下面有关字体样式，说法正确的是（　　）。
   A. font-family 属性只能指定一种字体类型
   B. font-family 属性可以指定多种字体类型，并且浏览器是按照从右到左的顺序选择的
   C. 在实际开发中，font-size 很少取"关键字"作为属性值
   D. 在实际开发中，font-weight 属性一般取 100~900 的数值

4. 下面选项中，属于 CSS 的正确注释方式是（　　　　）。

    A. // 注释内容　　　　　　　　　　　B. /* 注释内容 */

    C. <!-- 注释内容 -->　　　　　　　　D. // 注释内容 //

二、编程题

为下面这段文字定义字体样式，要求字体类型指定多种、大小为14px、粗细为粗体、颜色为蓝色。

"有规划的人生叫蓝图，没规划的人生叫拼图。"

第14章
文本样式

14.1 文本样式简介

在上一章中，我们把字体样式属性学完了，这一章再来学习一下文本样式。不过话说回来，我们为什么要将文本样式和字体样式区分开学习呢？

实际上，字体样式针对的是"文字本身"的形体效果，而文本样式针对的是"整个段落"的排版效果。字体样式注重个体，文本样式注重整体。因此在 CSS 中，特意使用了"font"和"text"两个前缀来区分这两类样式。如果清楚这一点，以后写 CSS 时，就很容易想起哪些属性是字体样式，哪些属性是文本样式了。

在 CSS 中，常见的文本样式如表 14-1 所示。

表 14-1　文本样式属性

属性	说明
text-indent	首行缩进
text-align	水平对齐
text-decoration	文本修饰
text-transform	大小写转换
line-height	行高
letter-spacing、word-spacing	字母间距、词间距

14.2 首行缩进：text-indent

p 元素的首行是不会自动缩进的，因此我们在 HTML 中往往使用 6 个 （空格）来实现首行缩进两个字的空格。但是这种方式会导致冗余代码很多。那么有没有更好的解决方法呢？

在 CSS 中，我们可以使用 text-indent 属性来定义 p 元素的首行缩进。

� 语法

```
text-indent:像素值;
```

▍ 说明

在 CSS 入门中，建议大家使用像素（px）作为单位，然后在 CSS 进阶中再去学习更多的
CSS 单位。

▍ 举例

```
<!DOCTYPE html>
<html>
<head>
    <meta charset="utf-8" />
    <title></title>
    <style type="text/css">
        p
        {
            font-size:14px;
            text-indent:28px;
        }
    </style>
</head>
<body>
    <h3>爱莲说</h3>
    <p>水陆草木之花，可爱者甚蕃。晋陶渊明独爱菊。自李唐来，世人甚爱牡丹。予独爱莲之出淤泥而不染，濯清涟
而不妖，中通外直，不蔓不枝，香远益清，亭亭净植，可远观而不可亵玩焉。</p>
    <p>予谓菊，花之隐逸者也；牡丹，花之富贵者也；莲，花之君子者也。噫！菊之爱，陶后鲜有闻；莲之爱，同予
者何人？牡丹之爱，宜乎众矣。</p>
</body>
</html>
```

浏览器预览效果如图 14-1 所示。

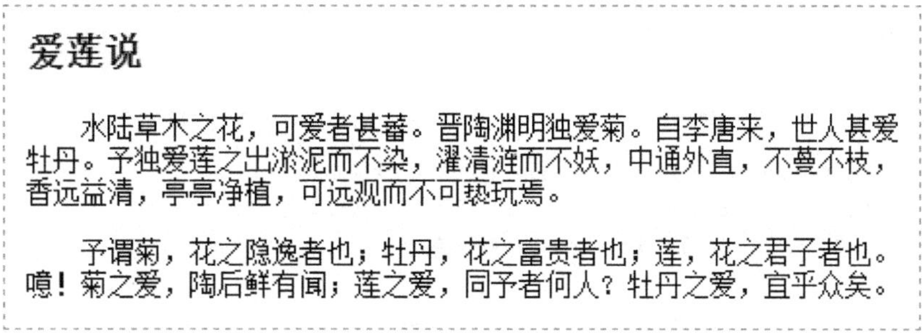

图 14-1　text-indent 效果

▍ 分析

我们都知道，中文段落首行一般需要缩进两个字的空间。想要实现这个效果，那么 text-
indent 值应该是 font-size 值的 2 倍。大家仔细琢磨一下上面这个例子就知道为什么了。这是一个
很棒的小技巧，以后会经常用到。

14.3　水平对齐：text-align

在 CSS 中，我们可以使用 text-align 属性来控制文本在水平方向上的对齐方式。

▌语法

```
text-align:取值；
```

▌说明

text-align 属性取值有 3 个，如表 14-2 所示。

表 14-2　text-align 属性取值

属性值	说明
left	左对齐（默认值）
center	居中对齐
right	右对齐

在实际开发中，我们一般只会用到居中对齐（center）这一个，其他两个几乎用不上。此外，text-align 属性不仅对文本有效，对图片（img 元素）也有效。对于图片水平对齐，我们在后面会详细介绍。

▌举例

```html
<!DOCTYPE html>
<html>
<head>
    <meta charset="utf-8" />
    <title></title>
    <style type="text/css">
        #p1{text-align:left;}
        #p2{text-align:center;}
        #p3{text-align:right;}
    </style>
</head>
<body>
    <p id="p1"><strong>左对齐</strong>:好好学习，天天向上。</p>
    <p id="p2"><strong>居中对齐</strong>:好好学习，天天向上。</p>
    <p id="p3"><strong>右对齐</strong>:好好学习，天天向上。</p>
</body>
</html>
```

浏览器预览效果如图 14-2 所示。

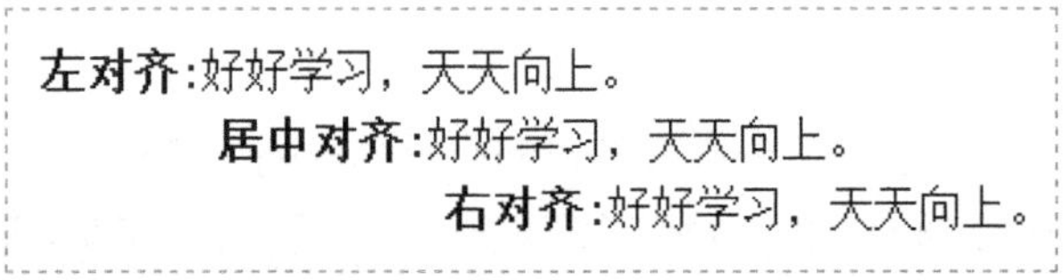

> **左对齐**:好好学习，天天向上。
> **居中对齐**:好好学习，天天向上。
> **右对齐**:好好学习，天天向上。

图 14-2　text-align

14.4　文本修饰：text-decoration

14.4.1　text-decoration 属性

在 CSS 中，我们可以使用 text-decoration 属性来定义文本的修饰效果（下划线、中划线、顶划线）。

▼ 语法

```
text-decoration:取值;
```

▼ 说明

text-decoration 属性取值有 4 个，如表 14-3 所示。

表 14-3　text-decoration 属性取值

属性值	说明
none	去除所有的划线效果（默认值）
underline	下划线
line-through	中划线
overline	顶划线

在 HTML 学习中，我们使用 s 元素实现中划线，用 u 元素实现下划线。但是有了 CSS 之后，我们都是使用 text-decoration 属性来实现。记住一点：在前端开发中，外观控制一般用 CSS 来实现，而不是使用标签来实现，这更加符合结构与样式分离的原则，能够提高代码的可读性和可维护性。

▼ 举例：text-decoration 属性取值

```html
<!DOCTYPE html>
<html>
<head>
    <meta charset="utf-8" />
    <title></title>
    <style type="text/css">
        #p1{text-decoration:underline;}
        #p2{text-decoration:line-through;}
        #p3{text-decoration:overline;}
    </style>
</head>
<body>
    <p id="p1">这是"下划线"效果</p>
    <p id="p2">这是"删除线"效果</p>
    <p id="p3">这是"顶划线"效果</p>
</body>
</html>
```

浏览器预览效果如图 14-3 所示。

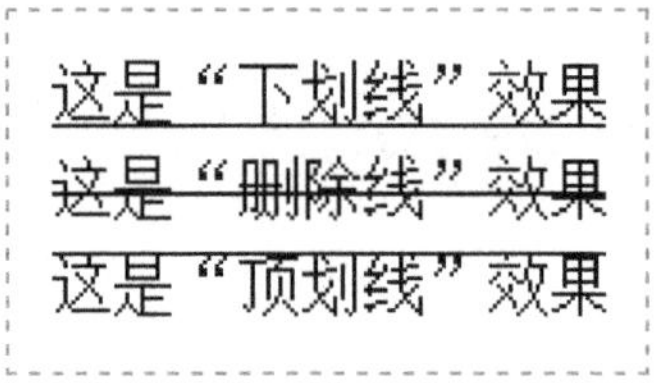

这是"下划线"效果
这是"删除线"效果
这是"顶划线"效果

图 14-3   text-indent 效果

分析

我们都知道超链接（a 元素）默认样式有下划线，如 \<a href="http://www.lvyestudy.com"\>绿叶学习网 \</a\> 这一句代码，浏览器效果如图 14-4 所示。

绿叶学习网

图 14-4   超链接中的下划线

那么该如何去掉 a 元素中的下划线呢？这个时候，"text-decoration:none;"就派上用场了。

举例：去除超链接下划线

```
<!DOCTYPE html>
<html>
<head>
    <meta charset="utf-8" />
    <title></title>
    <style type="text/css">
        a{text-decoration:none;}
    </style>
</head>
<body>
    <a href="http://www.lvyestudy.com" target="_blank">绿叶学习网</a>
</body>
</html>
```

浏览器预览效果如图 14-5 所示。

绿叶学习网

图 14-5   去除超链接下划线

分析

使用"text-decoration:none;"去除 a 元素的下划线，这个技巧我们在实际开发中会大量用到。主要是因为超链接默认样式不太美观，极少网站会使用它的默认样式。

14.4.2 3 种划线的用途分析

1. 下划线

下划线一般用于标明文章中的重点，如图 14-6 所示。

世界上只有一种真正的英雄主义，那就是在认识生活的真相后依然**热爱生活**。

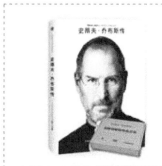

图 14-6 下划线

2. 中划线

中划线经常出现在各大电商网站中，一般用于促销，如图 14-7 所示。

史蒂夫·乔布斯传
史蒂夫·乔布斯传果粉致敬版典藏套装（当当全国独家
抢购价：¥116.10
定价：¥198.00
加入购物车

图 14-7 中划线

3. 顶划线

说实话，我还真的从来没有见过什么网页用过顶划线，大家可以果断放弃。

14.5 大小写：text-transform

在 CSS 中，我们可以使用 text-transform 属性来将文本进行大小写转换。text-transform 属性是针对英文而言的，因为中文不存在大小写之分。

语法

```
text-transform:取值;
```

▛ **说明**

text-transform 属性取值有 4 个，如表 14-4 所示。

表 14-4　text-transform 属性取值

属性值	说明
none	无转换（默认值）
uppercase	转换为大写
lowercase	转换为小写
capitalize	只将每个英文单词首字母转换为大写

▛ **举例**

```html
<!DOCTYPE html>
<html>
<head>
    <meta charset="utf-8" />
    <title></title>
    <style type="text/css">
        #p1{text-transform:uppercase;}
        #p2{text-transform:lowercase;}
        #p3{text-transform:capitalize;}
    </style>
</head>
<body>
    <p id="p1">rome was't built in a day.</p>
    <p id="p2">rome was't built in a day.</p>
    <p id="p3">rome was't built in a day.</p>
</body>
</html>
```

浏览器预览效果如图 14-8 所示。

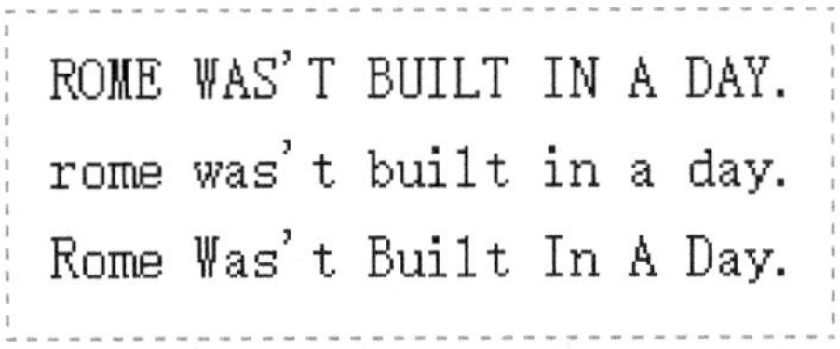

ROME WAS'T BUILT IN A DAY.
rome was't built in a day.
Rome Was't Built In A Day.

图 14-8　text-transform 效果

14.6　行高：line-height

在 CSS 中，我们可以使用 line-height 属性来控制一行文本的高度。很多书上称 line-height 为"行间距"，这是非常不严谨的叫法。行高，顾名思义就是"一行的高度"，而行间距指的是"两行文本之间的距离"，两者是完全不一样的概念。

line-height 属性涉及的理论知识非常多，也极其重要，这一节只是简单接触一下。对于更高级的技术，我们在本系列的《从 0 到 1：CSS 进阶之旅》这本书中再详细探讨。

▌ 语法

```
line-height:像素值;
```

▌ 举例

```
<!DOCTYPE html>
<html>
<head>
    <meta charset="utf-8" />
    <title></title>
    <style type="text/css">
        #p1{line-height:15px;}
        #p2{line-height:20px;}
        #p3{line-height:25px;}
    </style>
</head>
<body>
    <p id="p1">水陆草木之花，可爱者甚蕃。晋陶渊明独爱菊。自李唐来，世人甚爱牡丹。予独爱莲之出淤泥而不染，濯清涟而不妖，中通外直，不蔓不枝，香远益清，亭亭净植，可远观而不可亵玩焉。</p><hr/>
    <p id="p2">水陆草木之花，可爱者甚蕃。晋陶渊明独爱菊。自李唐来，世人甚爱牡丹。予独爱莲之出淤泥而不染，濯清涟而不妖，中通外直，不蔓不枝，香远益清，亭亭净植，可远观而不可亵玩焉。</p><hr/>
    <p id="p3">水陆草木之花，可爱者甚蕃。晋陶渊明独爱菊。自李唐来，世人甚爱牡丹。予独爱莲之出淤泥而不染，濯清涟而不妖，中通外直，不蔓不枝，香远益清，亭亭净植，可远观而不可亵玩焉。</p>
</body>
</html>
```

浏览器预览效果如图 14-9 所示。

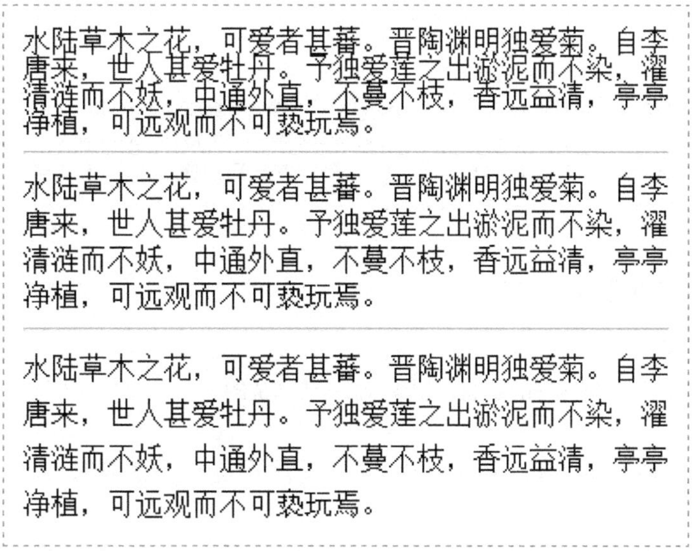

图 14-9　line-height 效果

14.7　间距：letter-spacing、word-spacing

14.7.1　字间距

在 CSS 中，我们可以使用 letter-spacing 属性来控制字与字之间的距离。

▌ 语法

```
letter-spacing:像素值；
```

▌ 说明

letter-spacing，从英文意思上就可以知道这是"字母间距"。注意，每一个中文汉字都被当作一个"字"，而每一个英文字母也被当作一个"字"。

▌ 举例

```
<!DOCTYPE html>
<html>
<head>
    <meta charset="utf-8" />
    <title></title>
    <style type="text/css">
        #p1{letter-spacing:0px;}
        #p2{letter-spacing:3px;}
        #p3{letter-spacing:5px;}
    </style>
</head>
<body>
    <p id="p1">Rome was't built in a day.罗马不是一天建成的。</p><hr/>
    <p id="p2">Rome was't built in a day.罗马不是一天建成的。</p><hr/>
    <p id="p3">Rome was't built in a day.罗马不是一天建成的。</p>
</body>
</html>
```

浏览器预览效果如图 14-10 所示。

Rome was't built in a day.罗马不是一天建成的。

Rome was't built in a day.罗马不是一天建成的。

Rome was't built in a day.罗马不是一天建成的。

图 14-10　字间距

14.7.2 词间距

在 CSS 中，我们可以使用 word-spacing 属性来定义两个单词之间的距离。

语法

```
word-spacing:像素值;
```

说明

word-spacing，从英文意思上就可以知道这是“单词间距”。一般来说，word-spacing 只针对英文单词而言。

举例

```
<!DOCTYPE html>
<html>
<head>
    <meta charset="utf-8" />
    <title></title>
    <style type="text/css">
        #p1{word-spacing:0px;}
        #p2{word-spacing:3px;}
        #p3{word-spacing:5px;}
    </style>
</head>
<body>
    <p id="p1">Rome was't built in a day.罗马不是一天建成的。</p><hr/>
    <p id="p2">Rome was't built in a day.罗马不是一天建成的。</p><hr/>
    <p id="p3">Rome was't built in a day.罗马不是一天建成的。</p>
</body>
</html>
```

浏览器预览效果如图 14-11 所示。

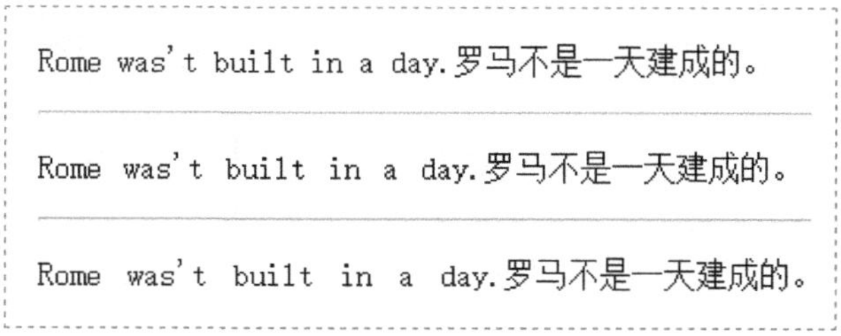

图 14-11 词间距

在实际开发中，对于中文网页来说，我们很少去定义字间距以及词间距。letter-spacing 和 word-spacing 只会用于英文网页，平常几乎用不上，因此只需简单了解即可。

14.8　本章练习

一、单选题

1. CSS 使用（　　　）属性来定义段落的行高。
   - A. height
   - B. align-height
   - C. line-height
   - D. min-height

2. CSS 使用（　　　）属性来定义字体下划线、删除线以及顶划线效果。
   - A. text-decoration
   - B. text-indent
   - C. text-transform
   - D. text-align

3. 如果想要实现如图 14-12 所示的效果，我们可以使用（　　　）来实现。

不要~~520~~，不要~~520~~，只要250！

图 14-12

   - A. text-decoration:none;
   - B. text-decoration:underline;
   - C. text-decoration:line-through;
   - D. text-decoration:overline;

4. 下面有关文本样式的说法中，正确的是（　　　）。
   - A. 如果想要让段落首行缩进 2 个字的间距，text-indent 值应该是 font-size 值的 4 倍
   - B. "text-align:center;" 不仅可以实现文本水平居中，还可以实现图片水平居中
   - C. 我们可以使用 line-height 来实现设置一个段落的高度
   - D. 我们可以使用 "text-transform:uppercase;" 来将英文转换为小写形式

二、编程题

下面有一段代码，请在这段代码的基础上，使用正确的选择器以及这两章学到的字体样式、文本样式来实现如图 14-13 所示的效果。

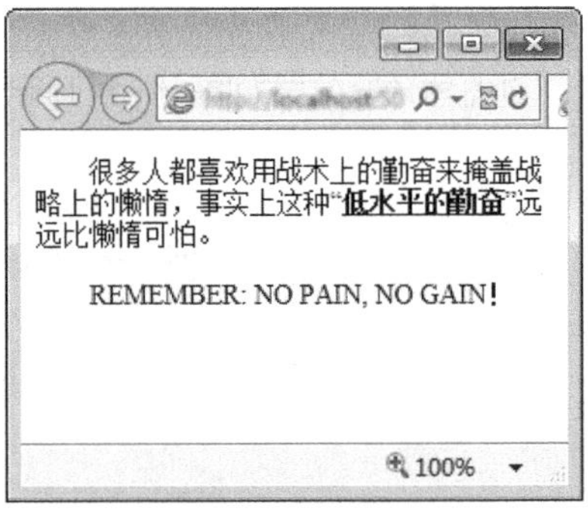

图 14-13　网页文字效果

```
<!DOCTYPE html>
<html>
<head>
    <meta charset="utf-8" />
    <title></title>
</head>
<body>
    <p>很多人都喜欢用战术上的勤奋来掩盖战略上的懒惰，事实上这种 "<span>低水平的勤奋</span>" 远远比懒惰可怕。</p>
    <p>Remember: no pain, no gain! </p>
</body>
</html>
```

第15章
边框样式

15.1　边框样式简介

在浏览网页的过程中，边框样式随处可见。几乎所有的元素都可以定义边框。例如，div 元素可以定义边框，img 元素可以定义边框，table 元素可以定义边框，span 元素同样也可以定义边框，如图 15-1、图 15-2 和图 15-3 所示。对于这一点，小伙伴们要记住了。

图 15-1　导航中的边框（div 元素）

	考试成绩表		
姓名	语文	英语	数学
小明	80	80	80
小红	90	90	90
小杰	100	100	100
平均	90	90	90

图 15-2　图片中的边框（img 元素）　　　　　图 15-3　表格中的边框（table 元素）

大家仔细观察上面 3 张图，然后思考一下定义一个元素的边框样式需要设置它的哪几个方面？

其实很容易得出结论，需要设置以下 3 个方面。

- 边框的宽度。
- 边框的外观（实线、虚线等）。
- 边框的颜色。

表 15-1 边框样式属性

属性	说明
border-width	边框的宽度
border-style	边框的外观
border-color	边框的颜色

表 15-1 所示为边框样式属性，想要为一个元素定义边框样式，必须要同时设置 border-width、border-style、border-color 这 3 个属性才会有效果。

15.2 整体样式

15.2.1 边框的属性

下面详细介绍一下 border-width、border-style 以及 border-color 属性。

1. border-width

border-width 属性用于定义边框的宽度，取值是一个像素值。

2. border-style

border-style 属性用于定义边框的外观，常用取值如表 15-2 所示。

表 15-2 border-style 属性取值

属性值	说明
none	无样式
dashed	虚线
solid	实线

除了上表列出的这几个取值，还有 hidden、dotted、double 等取值。不过其他取值几乎用不上，可以直接忽略。

3. border-color

border-color 属性用于定义边框的颜色，取值可以是“关键字”或“十六进制 RGB 值”。

举例：为 div 加上边框

```
<!DOCTYPE html>
<html>
```

```
<head>
    <meta charset="utf-8" />
    <title></title>
    <style type="text/css">
        /*定义所有div样式*/
        div
        {
            width:100px;
            height:30px;
        }
        /*定义单独div样式*/
        #div1
        {
            border-width:1px;
            border-style:dashed;
            border-color:red;
        }
        #div2
        {
            border-width:1px;
            border-style:solid;
            border-color:red;
        }
    </style>
</head>
<body>
    <div id="div1"></div>
    <div id="div2"></div>
</body>
</html>
```

浏览器预览效果如图 15-4 所示。

图 15-4　为 div 加上边框

▌ 分析

width 属性用于定义元素的宽度，height 属性用于定义元素的高度。这两个属性我们在后面会介绍。

▌ 举例：为 img 加上边框

```
<!DOCTYPE html>
<html>
<head>
    <meta charset="utf-8" />
```

```
<title></title>
<style type="text/css">
    img
    {
        border-width: 2px;
        border-style:solid;
        border-color:red;
    }
</style>
</head>
<body>
    <img src="img/haizei.png" alt="海贼王之索隆">
</body>
</html>
```

浏览器预览效果如图 15-5 所示。

图 15-5　为 img 加上边框

15.2.2　简写形式

想要为一个元素定义边框，我们需要完整地给出 border-width、border-style 和 border-color。这种写法代码量过多，费时费力。不过 CSS 为我们提供了一种简写形式。

```
border:1px solid red;
```

上面的代码其实等价于下面的代码。

```
border-width:1px;
border-style:solid;
border-color:red;
```

这是一个非常有用的技巧，在实际开发中，这种简写形式用得很多。可能一开始用起来比较生疏，但是写多了就熟练了。

▌ 举例

```
<!DOCTYPE html>
<html>
<head>
    <meta charset="utf-8" />
    <title></title>
    <style type="text/css">
        div{border:1px solid red;}
    </style>
</head>
<body>
    <div>绿叶学习网，给你初恋般的感觉。</div>
</body>
</html>
```

浏览器预览效果如图 15-6 所示。

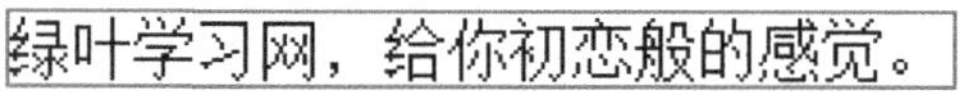

绿叶学习网，给你初恋般的感觉。

图 15-6　border 简写形式

15.3　局部样式

一个元素其实有 4 条边（上、下、左、右），如图 15-7 所示。上一节我们学习的是 4 条边的整体样式。那么，如果我们想要对某一条边进行单独设置，这该怎么实现呢？

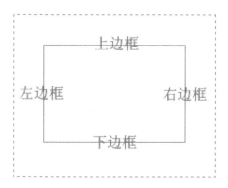

图 15-7　4 条边

1.　上边框 border-top

```
border-top-width:1px;
border-top-style:solid;
border-top-color:red;
```

简写形式如下。

```
border-top:1px solid red;
```

2. 下边框 border-bottom

```
border-bottom-width:1px;
border-bottom-style:solid;
border-bottom-color:red;
```

简写形式如下。

```
border-bottom:1px solid red;
```

3. 左边框 border-left

```
border-left-width:1px;
border-left-style:solid;
border-left-color:red;
```

简写形式如下。

```
border-left:1px solid red;
```

4. 右边框 border-right

```
border-right-width:1px;
border-right-style:solid;
border-right-color:red;
```

简写形式如下。

```
border-right:1px solid red;
```

对于边框样式，如图 15-8 所示，不管是整体样式，还是局部样式，我们都需要设置 3 个方面：边框宽度、边框外观、边框颜色。

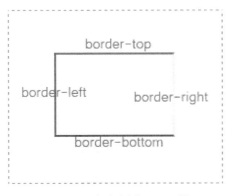

图 15-8 4 条边对应的 CSS 属性

▌ 举例

```
<!DOCTYPE html>
<html>
<head>
    <meta charset="utf-8" />
    <title></title>
    <style type="text/css">
```

```
    div
    {
        width:100px;                    /*div元素宽为100px*/
        height:60px;                    /*div元素高为60px*/
        border-top:2px solid red;       /*上边框样式*/
        border-right:2px solid yellow;  /*右边框样式*/
        border-bottom:2px solid blue;   /*下边框样式*/
        border-left:2px solid green;    /*左边框样式*/
    }
    </style>
</head>
<body>
    <div></div>
</body>
</html>
```

浏览器预览效果如图 15-9 所示。

图 15-9　边框局部样式

▌ 举例

```
<!DOCTYPE html>
<html>
<head>
    <meta charset="utf-8" />
    <title></title>
    <style type="text/css">
        div
        {
            width:100px;                /*div元素宽为100px*/
            height:60px;                /*div元素高为100px*/
            border:1px solid red;       /*边框整体样式*/
            border-bottom:0px;          /*去除下边框*/
        }
    </style>
</head>
<body>
    <div></div>
</body>
</html>
```

浏览器预览效果如图 15-10 所示。

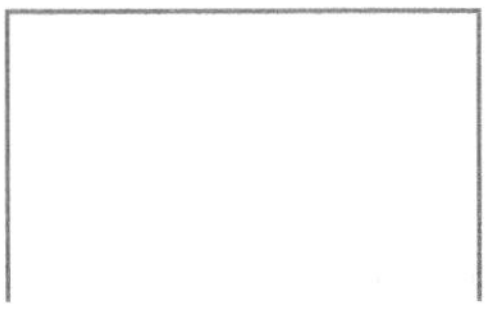

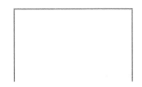

图15-10 去除下边框

分析

“border-bottom:0px;”是把下边框宽度设置为0px。由于此时下边框没有宽度，因此下边框就被去除了。小伙伴可能会觉得很奇怪：“只设置边框的宽度为0px，那么边框的外观和颜色不需要设置了吗？”实际上这是一种省略写法，既然我们都不需要那条边框了，也就不再需要设置边框的外观和颜色。

此外，“border-bottom:0px;”“border-bottom:0;”和“border-bottom:none;”是等价的。

15.4 本章练习

单选题

1. 如果我们想要定义某一个元素的右边框，宽度为1px，外观为实线，颜色为红色，正确写法应该是（　　）。

   A. border:1px solid red;

   B. border:1px dashed red;

   C. border-right:1px solid red;

   D. border-right:1px dashed red;

2. 如果我们想要去掉某一个元素的上边框，下面写法中，不正确的是（　　）。

   A. border-top:not;

   B. border-top:none;

   C. border-top:0;

   D. border-top:0px;

第16章
列表样式

16.1 列表项符号：list-style-type

在 HTML 中，对于有序列表和无序列表的列表项符号，都是使用 type 属性来定义的。使用 type 属性来定义列表项符号，是在 HTML 的"元素属性"中定义的。之前说过，结构和样式应该是分离的。那么在 CSS 中，我们应该怎么定义列表项符号呢？

16.1.1 定义列表项符号

在 CSS 中，不管是有序列表还是无序列表，我们都是使用 list-style-type 属性来定义列表项符号的。

▼ 语法

```
list-style-type:取值;
```

▼ 说明

list-style-type 属性是针对 ol 或者 ul 元素的，而不是 li 元素。其中，list-style-type 属性取值如表 16-1 和表 16-2 所示。

表 16-1　list-style-type 属性取值（有序列表）

属性值	说明
decimal	阿拉伯数字：1、2、3…（默认值）
lower-roman	小写罗马数字：i、ii、iii…
upper-roman	大写罗马数字：I、II、III…
lower-alpha	小写英文字母：a、b、c…
upper-alpha	大写英文字母：A、B、C…

表 16-2　list-style-type 属性取值（无序列表）

属性值	说明
disc	实心圆●（默认值）
circle	空心圆○
square	正方形■

▰ 举例：有序列表

```
<!DOCTYPE html>
<html>
<head>
    <meta charset="utf-8" />
    <title></title>
    <style type="text/css">
        ol{list-style-type:lower-roman;}
    </style>
</head>
<body>
    <h3>有序列表</h3>
    <ol>
        <li>HTML</li>
        <li>CSS</li>
        <li>JavaScript</li>
    </ol>
</body>
</html>
```

浏览器预览效果如图 16-1 所示。

有序列表

   i. HTML
  ii. CSS
iii. JavaScript

图 16-1　有序列表效果

▰ 举例：无序列表

```
<!DOCTYPE html>
<html>
<head>
    <meta charset="utf-8" />
    <title></title>
    <style type="text/css">
        ul{list-style-type:circle;}
    </style>
</head>
<body>
    <h3>无序列表</h3>
```

```
<ul>
    <li>HTML</li>
    <li>CSS</li>
    <li>JavaScript</li>
</ul>
</body>
</html>
```

浏览器预览效果如图 16-2 所示。

图 16-2　无序列表效果

16.1.2　去除列表项符号

在 CSS 中，我们也是使用 list-style-type 属性来去除有序列表或无序列表的列表项符号的。

▶ 语法

```
list-style-type:none;
```

▶ 说明

由于列表项符号不太美观，因此在实际开发中，大多数情况下我们都需要使用"list-style-type:none;"将其去掉。

▶ 举例

```
<!DOCTYPE html>
<html>
<head>
    <meta charset="utf-8" />
    <title></title>
    <style type="text/css">
        ol,ul{list-style-type:none;}
    </style>
</head>
<body>
    <h3>有序列表</h3>
    <ol>
        <li>HTML</li>
        <li>CSS</li>
        <li>JavaScript</li>
    </ol>
    <h3>无序列表</h3>
    <ul>
```

```
        <li>HTML</li>
        <li>CSS</li>
        <li>JavaScript</li>
    </ul>
</body>
</html>
```

浏览器预览效果如图 16-3 所示。

有序列表
HTML
CSS
JavaScript
无序列表
HTML
CSS
JavaScript

图 16-3　去除列表项符号效果

� **分析**

使用 "list-style-type:none；" 去除列表项默认符号的这个小技巧，在实际开发中，我们经常会用到。

"ol,ul{list-style-type:none;}" 使用的是 "群组选择器"。当对多个不同元素定义了相同的 CSS 样式时，我们就可以使用群组选择器。在群组选择器中，元素之间是用英文逗号隔开的，而不是中文逗号。

【解惑】

list-style-type 有那么多的属性值，怎么记得住呢？

我们只需要记住 "list-style-type:none;" 这一个就可以了，其他的不需要记住。因为在实际开发中，对于使用 list-style-type 属性来定义列表项符号，几乎用不上。所以那些属性值也不需要去记忆。退一步说，就算用得上，我们也还有 HBuilder 提示。

16.2　列表项图片：list-style-image

不管是有序列表还是无序列表，都有它们自身的列表项符号。不过这些列表项符号都不太美观。如果我们想自定义列表项符号，那该怎么实现呢？

在 CSS 中，我们可以使用 list-style-image 属性来定义列表项图片，也就是使用图片来代替列表项符号。

▶ **语法**

```
list-style-image:url(图片路径);
```

▌ 举例

```html
<!DOCTYPE html>
<html>
<head>
    <meta charset="utf-8" />
    <title></title>
    <style type="text/css">
        ul{list-style-image: url(img/leaf.png);}
    </style>
</head>
<body>
    <ul>
        <li>HTML</li>
        <li>CSS</li>
        <li>JavaScript</li>
    </ul>
</body>
</html>
```

浏览器预览效果如图 16-4 所示。

图 16-4　列表项图片

▌ 分析

list-style-image 属性实际上就是把列表项符号替换成一张图片，而引用一张图片就要给出图片的路径。在真正的开发项目中，图 16-5 所示的这种列表项符号，一般情况下我们都不会用 list-style-image 属性来实现，而是使用更为高级的 iconfont 图标技术来实现，这个我们在本系列的《从 0 到 1: CSS 进阶之旅》这本书中再详细介绍。

图 16-5　字体图标（iconfont）效果

16.3　本章练习

一、单选题

1. 在真正的开发工作中，对于如图 16-6 所示的列表项符号，最佳的实现方法是（　　）。

图 16-6　带列表项符号的列表

    A. list-style-type   B. list-style-image

    C. 字体图标   D. background-image

2. 下面对于列表的说法中，叙述错误的是（　　）。

    A. list-style-type 属性是在 li 元素中设置的

    B. 我们可以使用"list-style-type:none;"去除列表项符号

    C. 对于大多数列表，我们都是使用 ul 元素，而不是使用 ol 元素

    D. 不管是有序列表还是无序列表，我们都是使用 list-style-type 属性来定义列表项符号

二、编程题

定义一个列表，每一个列表项都是一个超链接，并且要求去除列表项符号及超链接下划线，超链接文本颜色为粉红色，并且单击某一个列表项就会以新窗口的形式打开，如图 16-7 所示。

图 16-7　无列表项符号及超链接下划线列表

第17章

表格样式

17.1　表格标题位置：caption-side

默认情况下，表格标题在表格的上方。如果想要把表格标题放在表格的下方，应该怎么实现？在 CSS 中，我们可以使用 caption-side 属性来定义表格标题的位置。

▼ 语法

```
caption-side:取值;
```

▼ 说明

caption-side 属性取值只有 2 个，如表 17-1 所示。

表 17-1　caption-side 属性取值

属性值	说明
top	标题在顶部（默认值）
bottom	标题在底部

▼ 举例

```
<!DOCTYPE html>
<html>
<head>
    <meta charset="utf-8" />
    <title></title>
    <style type="text/css">
        table,th,td{border:1px solid silver;}
        table{caption-side:bottom;}
    </style>
</head>
<body>
```

```
<table>
    <caption>表格标题</caption>
    <!--表头-->
    <thead>
        <tr>
            <th>表头单元格1</th>
            <th>表头单元格2</th>
        </tr>
    </thead>
    <!--表身-->
    <tbody>
        <tr>
            <td>表行单元格1</td>
            <td>表行单元格2</td>
        </tr>
        <tr>
            <td>表行单元格3</td>
            <td>表行单元格4</td>
        </tr>
    </tbody>
    <!--表脚-->
    <tfoot>
        <tr>
            <td>表行单元格5</td>
            <td>表行单元格6</td>
        </tr>
    </tfoot>
</table>
</body>
</html>
```

浏览器预览效果如图 17-1 所示。

表头单元格1	表头单元格2
表行单元格1	表行单元格2
表行单元格3	表行单元格4
表行单元格5	表行单元格6
表格标题

图 17-1　表格标题位置

▌ 分析

如果想要定义表格标题的位置，在 table 或 caption 这两个元素的 CSS 中定义 caption-side 属性，效果是一样的。一般情况下，我们只在 table 元素中定义就可以了。

17.2　表格边框合并：border-collapse

从前面的学习中可以知道，在表格加入边框后的页面效果中，单元格之间是有一定空隙的。但是在实际开发中，为了让表格更加美观，我们一般会把单元格之间的空隙去除。

在 CSS 中，我们可以使用 border-collapse 属性来去除单元格之间的空隙，也就是将两条边框合并为一条。

▼ 语法

```
border-collapse:取值;
```

▼ 说明

border-collapse 属性取值只有 2 个，如表 17-2 所示 。

表 17-2　border-collapse 属性取值

属性值	说明
separate	边框分开，有空隙（默认值）
collapse	边框合并，无空隙

separate 指的是"分离"，而 collapse 指的是"折叠、瓦解"。其英文含义可以便于我们更好地理解和记忆。

▼ 举例

```
<!DOCTYPE html>
<html>
<head>
    <meta charset="utf-8" />
    <title></title>
    <style type="text/css">
        table,th,td{border:1px solid silver;}
        table{border-collapse: collapse;}
    </style>
</head>
<body>
    <table>
        <caption>表格标题</caption>
        <!--表头-->
        <thead>
            <tr>
                <th>表头单元格1</th>
                <th>表头单元格2</th>
            </tr>
        </thead>
        <!--表身-->
        <tbody>
```

```
        <tr>
            <td>表行单元格1</td>
            <td>表行单元格2</td>
        </tr>
        <tr>
            <td>表行单元格3</td>
            <td>表行单元格4</td>
        </tr>
    </tbody>
    <!--表脚-->
    <tfoot>
        <tr>
            <td>表行单元格5</td>
            <td>表行单元格6</td>
        </tr>
    </tfoot>
</table>
</body>
</html>
```

浏览器预览效果如图 17-2 所示。

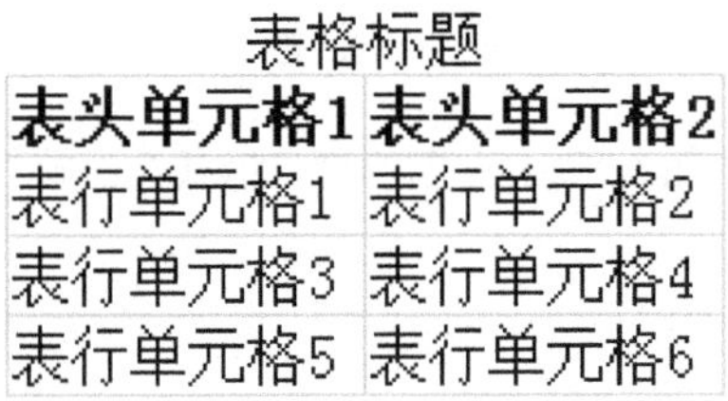

表格标题

表头单元格1	表头单元格2
表行单元格1	表行单元格2
表行单元格3	表行单元格4
表行单元格5	表行单元格6

图 17-2　表格边框合并效果

▌ 分析

在 CSS 中，border-collapse 属性也是在 table 元素中定义的。

17.3　表格边框间距：border-spacing

上一节介绍了如何去除表格边框间距，在实际开发中，有时候我们需要定义一下表格边框的间距。

在 CSS 中，我们可以使用 border-spacing 属性来定义表格边框间距。

▌ 语法

```
border-spacing:像素值;
```

▌ 举例

```
<!DOCTYPE html>
<html>
<head>
```

```
    <meta charset="utf-8" />
    <title></title>
    <style type="text/css">
        table,th,td{border:1px solid silver;}
        table{border-spacing: 8px;}
    </style>
</head>
<body>
    <table>
        <caption>表格标题</caption>
        <!--表头-->
        <thead>
            <tr>
                <th>表头单元格1</th>
                <th>表头单元格2</th>
            </tr>
        </thead>
        <!--表身-->
        <tbody>
            <tr>
                <td>表行单元格1</td>
                <td>表行单元格2</td>
            </tr>
            <tr>
                <td>表行单元格3</td>
                <td>表行单元格4</td>
            </tr>
        </tbody>
        <!--表脚-->
        <tfoot>
            <tr>
                <td>表行单元格5</td>
                <td>表行单元格6</td>
            </tr>
        </tfoot>
    </table>
</body>
</html>
```

浏览器预览效果如图 17-3 所示。

图 17-3 表格边框间距效果

▼ **分析**

在 CSS 中，border-spacing 属性也是在 table 元素中定义的。

17.4　本章练习

单选题

1. CSS 可以使用（　　）属性来合并表格边框。
   A.　border-width　　　　　　　　　B.　border-style
   C.　border-collapse　　　　　　　　D.　border-spacing

2. 下面有关表格样式，说法不正确的是（　　）。
   A.　border-collapse 只限用于表格，不能用于其他元素
   B.　caption-side、border-collapse、border-spacing 一般在 table 元素中设置
   C.　可以使用 "border-collapse: separate;" 来将表格边框合并
   D.　如果要为表格添加边框，我们一般需要同时对 table、th、td 这几个元素进行设置

第 18 章

图片样式

18.1 图片大小

在前面的学习中，我们接触了 width 和 height 这两个属性。其中 width 属性用于定义元素的宽度，height 属性用于定义元素的高度。

在 CSS 中，我们也是使用 width 和 height 这两个属性来定义图片大小的（也就是宽度和高度）。

语法

```
width:像素值;
height:像素值;
```

说明

图 18-1 所示是一张 100px×100px 的 gif 图片，我们尝试使用 width 和 height 属性来改变其大小。

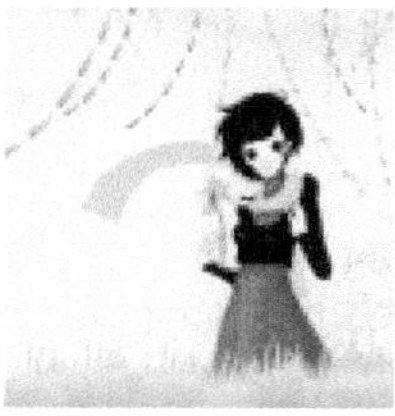

图 18-1 100px×100px 的 gif 图片

举例

```
<!DOCTYPE html>
<html>
<head>
    <meta charset="utf-8" />
```

```
    <title></title>
    <style type="text/css">
        img
        {
            width:60px;
            height:60px;
        }
    </style>
</head>
<body>
    <img src="img/girl.gif" alt="卡通女孩" />
</body>
</html>
```

浏览器预览效果如图 18-2 所示：

图 18-2   改变图片大小

▌ 分析

在实际开发中，你需要多大的图片，就用 Photoshop 制作多大的图片。不建议使用一张大图片，然后再借助 width 和 height 来改变其大小。因为一张大图片体积更大，会使页面加载速度变慢。这是性能优化方面的考虑，以后我们会慢慢接触。

18.2   图片边框

在 "第 15 章 边框样式" 中我们已经详细介绍了 border 属性。对于图片的边框，我们也是使用 border 属性来定义的。

▌ 语法

```
border:1px solid red;
```

▌ 说明

对于边框样式，在实际开发中都是使用简写形式。

▌ 举例

```
<!DOCTYPE html>
<html>
<head>
    <meta charset="utf-8" />
    <title></title>
    <style type="text/css">
        img
```

```
    {
        widht:60px;
        height:60px;
        border:1px solid red;
    }
    </style>
</head>
<body>
    <img src="img/girl.gif" alt="卡通女孩" />
</body>
</html>
```

浏览器预览效果如图 18-3 所示。

图 18-3　图片边框效果

18.3　图片对齐

18.3.1　水平对齐

在 CSS 中，我们可以使用 text-align 属性来定义图片的水平对齐方式。

▌ 语法

`text-align:取值;`

▌ 说明

text-align 属性取值有 3 个，如表 18-1 所示。

表 18-1　text-align 属性取值

属性值	说明
left	左对齐（默认值）
center	居中对齐
right	右对齐

text-align 属性一般只用于两个地方：文本水平对齐和图片水平对齐。

▌ 举例

```
<!DOCTYPE html>
<html>
<head>
```

```
        <meta charset="utf-8" />
        <title></title>
        <style type="text/css">
            div
            {
                width:300px;
                height:80px;
                border:1px solid silver;
            }
            .div1{text-align:left;}
            .div2{text-align:center;}
            .div3{text-align:right;}
             img{width:60px;height:60px;}
        </style>
    </head>
    <body>
        <div class="div1">
            <img src="img/girl.gif" alt=""/>
        </div>
        <div class="div2">
            <img src=" img/girl.gif" alt=""/>
        </div>
        <div class="div3">
            <img src=" img/girl.gif" alt=""/>
        </div>
    </body>
    </html>
```

浏览器预览效果如图 18-4 所示。

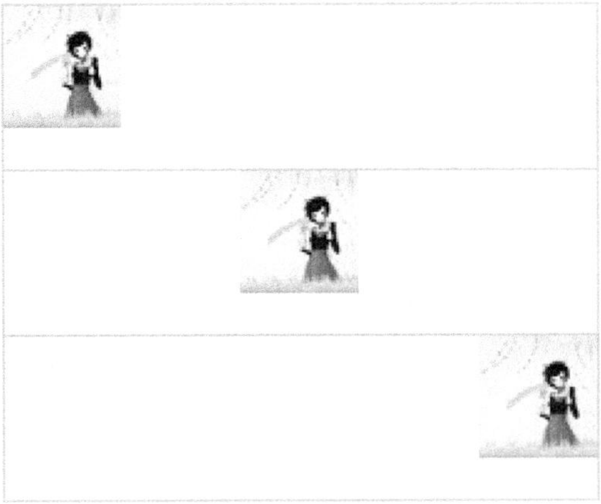

图 18-4 图片水平对齐

分析

很多人以为图片的水平对齐是在 img 元素中定义的，其实这是错的。图片是在父元素中进行水平对齐，因此我们应该在图片的父元素中定义。

在这个例子中，img 的父元素是 div，因此想要实现图片的水平对齐，就应该在 div 中定义

text-align 属性。

18.3.2 垂直对齐

在 CSS 中，我们可以使用 vertical-align 属性来定义图片的垂直对齐方式。

语法

```
vertical-align:取值;
```

说明

vertical 指的是“垂直的”，align 指的是“使排整齐”。学习 CSS 属性与学习 HTML 标签一样，根据英文意思去理解和记忆可以事半功倍。

vertical-align 属性取值有 4 个，如表 18-2 所示。

表 18-2 vertical-align 属性取值

属性值	说明
top	顶部对齐
middle	中部对齐
baseline	基线对齐
bottom	底部对齐

举例

```
<!DOCTYPE html>
<html>
<head>
    <meta charset="utf-8" />
    <title></title>
    <style type="text/css">
        img{width:60px;height:60px;}
        #img1{vertical-align:top;}
        #img2{vertical-align:middle;}
        #img3{vertical-align:bottom;}
        #img4{vertical-align:baseline;}
    </style>
</head>
<body>
    绿叶学习网<img id="img1" src="img/girl.gif" alt=""/>绿叶学习网(top)
    <hr/>
    绿叶学习网<img id="img2" src="img/girl.gif" alt=""/>绿叶学习网(middle)
    <hr/>
    绿叶学习网<img id="img3" src="img/girl.gif" alt=""/>绿叶学习网(bottom)
    <hr/>
    绿叶学习网<img id="img4" src="img/girl.gif" alt=""/>绿叶学习网(baseline)
</body>
</html>
```

浏览器预览效果如图 18-5 所示。

图 18-5　vertical-align

▍ 分析

我们仔细观察会发现，"vertical-align:baseline"和"vertical-align:bottom"是有区别的。

▍ 举例

```html
<!DOCTYPE html>
<html>
<head>
    <meta charset="utf-8" />
    <title></title>
    <style type="text/css">
        div
        {
            width:100px;
            height:80px;
            border:1px solid silver;
        }
        .div1{vertical-align:top;}
        .div2{vertical-align:middle;}
        .div3{vertical-align:bottom;}
        .div4{vertical-align:baseline;}
        img{width:60px;height:60px;}
    </style>
</head>
<body>
    <div class="div1">
        <img src="img/girl.gif" alt=""/>
    </div>
    <div class="div2">
```

```
            <img src="img/girl.gif" alt=""/>
        </div>
        <div class="div3">
            <img src="img/girl.gif" alt=""/>
        </div>
        <div class="div4">
            <img src="img/girl.gif" alt=""/>
        </div>
    </body>
</html>
```

浏览器预览效果如图 18-6 所示。

图 18-6　图片无法实现垂直居中

▚ 分析

咦，怎么回事？为什么图片没有垂直对齐？其实，大家误解了 vertical-align 这个属性。W3C（Web 标准制定者）对 vertical-align 属性的定义是极其复杂的，其中有一项是"vertical-align 属性定义周围的行内元素或文本相对于该元素的垂直方式"。

毫不夸张地说，vertical-align 是 CSS 最复杂的一个属性，但功能也非常强大。在 CSS 入门阶段，我们简单看一下就行。对于更高级的技术，我们在本系列的《从 0 到 1：CSS 进阶之旅》这本书中再详细介绍。

18.4　文字环绕：float

在网页布局中，常常遇到图文混排的情况。所谓的图文混排，指的是文字环绕着图片进行布局。文字环绕图片的方式在实际页面中的应用非常广泛，如果配合内容、背景等多种手段可以实现各种绚丽的效果。

在 CSS 中，我们可以使用 float 属性来实现文字环绕图片的效果。

▌ 语法

float:取值;

▌ 说明

float 属性取值只有 2 个，非常简单，如表 18-3 所示。

表 18-3   float 属性取值

属性值	说明
left	元素向左浮动
right	元素向右浮动

▌ 举例

```
<!DOCTYPE html>
<html>
<head>
    <meta charset="utf-8" />
    <title></title>
    <style type="text/css">
        img{float:left;}
        p{
            font-family:"微软雅黑";
            font-size:12px;
        }
    </style>
</head>
<body>
    <img src="img/lotus.png" alt=""/>
    <p>水陆草木之花，可爱者甚蕃。晋陶渊明独爱菊。自李唐来，世人甚爱牡丹。予独爱莲之出淤泥而不染，濯清涟
而不妖，中通外直，不蔓不枝，香远益清，亭亭净植，可远观而不可亵玩焉。予谓菊，花之隐逸者也;牡丹，花之富贵者也;莲，
花之君子者也。噫! 菊之爱，陶后鲜有闻; 莲之爱，同予者何人？ 牡丹之爱，宜乎众矣。</p>
</body>
</html>
```

浏览器预览效果如图 18-7 所示。

图 18-7   "float:left" 效果

▼ **分析**

在这个例子中，当我们把"float:left;"改为"float:right;"后，预览效果如图 18-8 所示。

水陆草木之花，可爱者甚蕃。晋陶渊明独爱菊。自李唐来，世人甚爱牡丹。予独爱莲之出淤泥而不染，濯清涟而不妖，中通外直，不蔓不枝，香远益清，亭亭净植，可远观而不可亵玩焉。予谓菊，花之隐逸者也；牡丹，花之富贵者也；莲，花之君子者也。噫！菊之爱，陶后鲜有闻；莲之爱，同予者何人？牡丹之爱，宜乎众矣。

图 18-8 "float:right"效果

18.5 本章练习

单选题

1. CSS 可以使用（　　）属性来实现图片水平居中。
   A. text-indent   B. text-align
   C. vertical-align   D. float
2. 下面有关图片样式的说法正确的是（　　）。
   A. 由于 img 元素不是块元素，因此设置 width 和 height 无效
   B. 可以使用 vertical-align 属性来实现图片在 div 元素中垂直居中
   C. "text-align:center"不仅能实现图片水平居中，还能实现文本水平居中
   D. 可以使用 text-align 实现文字环绕图片的效果

第 19 章
背景样式

19.1　背景样式简介

在 CSS 中，背景样式包括两个方面：一个是"背景样色"，另外一个是"背景图片"。在 Web 1.0 时代，一般都是使用 background 或者 bgcolor 这两个"HTML 属性"（不是 CSS 属性）来为元素定义背景颜色或背景图片的。不过在 Web 2.0 时代，对于元素的背景样式，我们都是使用 CSS 属性来实现的。

在 CSS 中，定义"背景颜色"使用的是 background-color 属性，而定义"背景图片"则比较复杂，往往涉及以下属性，如表 19-1 所示。

表 19-1　背景图片样式属性

属性	说明
background-image	定义背景图片地址
background-repeat	定义背景图片重复，如横向重复、纵向重复
background-position	定义背景图片位置
background-attachment	定义背景图片固定

19.2　背景颜色：background-color

在 CSS 中，我们可以使用 background-color 属性来定义元素的背景颜色。

▼ **语法**

```
background-color:颜色值;
```

▼ **说明**

颜色值有两种，一种是"关键字"，另外一种是"十六进制 RGB 值"。其中，关键字指的是颜色的英文名称，如 red、green、blue 等。而十六进制 RGB 值指的是类似"#FBE9D0"形式的值。
除了这两种，其实还有 RGBA、HSL 等，不过那些我们暂时不用去了解。

▌ **举例：两种颜色取值**

```
<!DOCTYPE html>
<html>
<head>
    <meta charset="utf-8" />
    <title></title>
    <style type="text/css">
        div
        {
            width:100px;
            height:60px;
        }
        #div1{background-color: hotpink}
        #div2{background-color: #87CEFA;}
    </style>
</head>
<body>
    <div id="div1">背景颜色为：hotpink</div>
    <div id="div2">背景颜色为：#87CEFA</div>
</body>
</html>
```

浏览器预览效果如图 19-1 所示。

图 19-1　两种颜色值

▌ **分析**

第 1 个 div 背景颜色为关键字，取值为 hotpink。第 2 个 div 背景颜色为十六进制 RGB 值，取
值为 #87CEFA。

▌ **举例：color 与 background-color**

```
<!DOCTYPE html>
<html>
<head>
    <meta charset="utf-8" />
    <title></title>
    <style type="text/css">
        p
        {
```

```
        color:white;
        background-color: hotpink;
    }
    </style>
</head>
<body>
    <p>
        p元素文本颜色为white<br/>
        p元素背景颜色为hotpink
    </p>
</body>
</html>
```

浏览器预览效果如图 19-2 所示。

图 19-2　color 与 background-color

▰ 分析

color 属性用于定义"文本颜色"，而 background-color 属性用于定义"背景颜色"，这两个要注意区分。

19.3　背景图片样式：background-image

在 CSS 中，我们可以使用 background-image 属性来为元素定义背景图片。

▰ 语法

```
background-image:url(图片路径);
```

▰ 说明

和引入图片（即 img 标签）一样，引入背景图片也需要给出图片路径才可以显示。

▰ 举例

```
<!DOCTYPE html>
<html>
<head>
    <meta charset="utf-8" />
    <title></title>
    <style type="text/css">
        div{background-image: url(img/haizei.png);}
    </style>
</head>
<body>
    <div></div>
```

```
</body>
</html>
```

浏览器预览效果如图 19-3 所示。

图 19-3　图片无法显示

▼ 分析

怎么回事，为什么背景图片没有显示出来？这是因为我们没有给 div 元素定义 width 和 height，此时 div 元素的宽度和高度都为 0，因此背景图片是不会显示的。

我们需要为 div 元素添加 width 和 height，代码如下。

```
div
{
    width:250px;
    height:170px;
    background-image: url(img/haizei.png);
}
```

其中 width 和 height 与图片实际宽度和高度相等，此时浏览器预览效果如图 19-4 所示。

图 19-4　图片显示

背景图片与图片是不一样的，背景图片是使用 CSS 来实现，而图片是使用 HTML 来实现。两者的使用场合也不一样，大多数情况下都是使用图片，不过在某些无法使用图片的场合中，我们就要考虑背景图片形式。

此外还有一点要说明一下：下面这两种引入背景图片的方式都是正确的，一个给路径加上了引号，另外一个没加引号。不过在实际开发中，建议采用不加引号的方式，因为这种方式更加简洁。

```
/*方式1：路径加上引号*/
background-image: url("img/haizei.png");
/*方式2：路径没加引号*/
background-image: url(img/haizei.png);
```

19.4 背景图片重复：background-repeat

在 CSS 中，我们可以使用 background-repeat 属性来定义背景图片的重复方式。

▌ 语法

```
background-repeat:取值;
```

▌ 说明

background-repeat 属性取值有 4 个，如表 19-2 所示。

表 19-2 background-repeat 属性取值

属性值	说明
repeat	在水平方向和垂直方向上同时平铺（默认值）
repeat-x	只在水平方向（x 轴）上平铺
repeat-y	只在垂直方向（y 轴）上平铺
no-repeat	不平铺

下面先来看一个例子：我们有一张 25px×25px 的小图片（如图 19-5 所示），现在我们通过 3 个 div 来设置不同的 background-repeat 属性取值，看看实际效果如何。

✳

图 19-5   25px×25px 的小图片

▌ 举例

```
<!DOCTYPE html>
<html>
<head>
    <meta charset="utf-8" />
    <title></title>
    <style type="text/css">
        div
        {
            width:200px;
            height:100px;
            border: 1px solid silver;
```

```
            background-image: url(img/flower.png);
        }
        #div2{background-repeat: repeat-x}
        #div3{background-repeat: repeat-y}
        #div4{background-repeat: no-repeat}
    </style>
</head>
<body>
    <div id="div1"></div>
    <div id="div2"></div>
    <div id="div3"></div>
    <div id="div4"></div>
</body>
</html>
```

浏览器预览效果如图 19-6 所示。

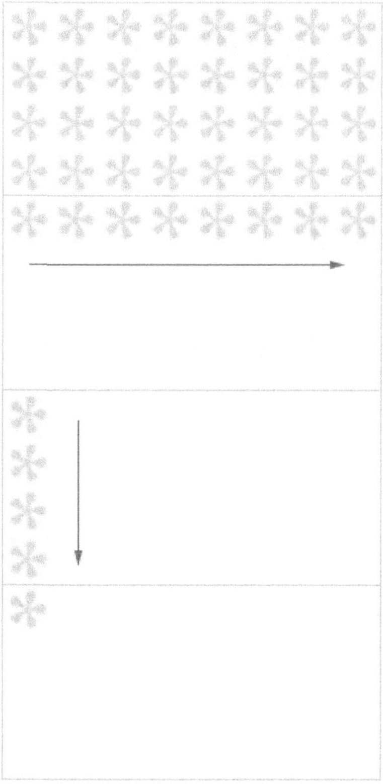

图 19-6 background-repeat

分析

在这个例子中，第 1 个 div 元素由于没有定义 background-repeat 属性值，因此会采用默认值 repeat。

此外还需要注意一点，元素的宽度和高度必须大于背景图片的宽度和高度，这样才会有重复效果。这个道理，小伙伴们稍微想一下就明白了。

19.5　背景图片位置：background-position

在 CSS 中，我们可以使用 background-position 属性来定义背景图片的位置。

▌ 语法

```
background-position:像素值/关键字;
```

▌ 说明

background-position 属性常用取值有两种：一种是"像素值"，另外一种是"关键字"（这里不考虑百分比取值）。

19.5.1　像素值

当 background-position 属性取值为"像素值"时，要同时设置水平方向和垂直方向的数值。例如，"background-position:12px 24px;"表示背景图片距离该元素左上角的水平方向距离为 12px，垂直方向距离为 24px。

▌ 语法

```
background-position:水平距离 垂直距离;
```

▌ 说明

水平距离和垂直距离这两个数值之间要用空格隔开，两者取值都是像素值。

▌ 举例

```
<!DOCTYPE html>
<html>
<head>
    <meta charset="utf-8" />
    <title></title>
    <style type="text/css">
        div
        {
            width:300px;
            height:200px;
            border:1px solid silver;
            background-image:url(img/judy.png);
            background-repeat:no-repeat;
            background-position:40px 20px;
        }
    </style>
</head>
<body>
    <div></div>
</body>
</html>
```

浏览器预览效果如图 19-7 所示。

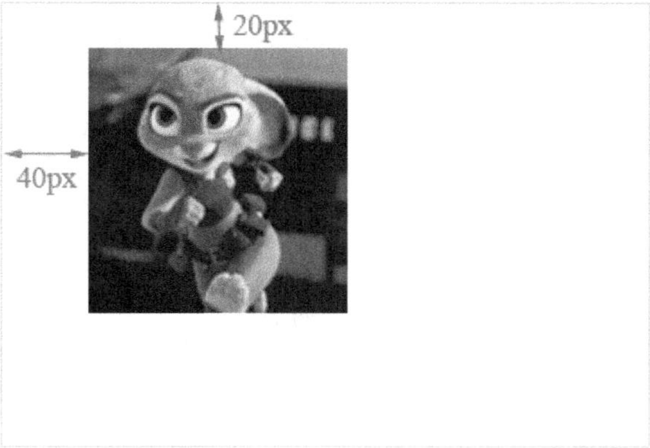

图 19-7 取值为“像素值”

分析

background-position 属性设置的两个值是相对该元素的左上角来说的，我们从上图就可以很直观地看出来。

19.5.2 关键字

当 background-position 属性取值为“关键字”时，也要同时设置水平方向和垂直方向的值，只不过这两个值使用关键字来代替而已。

语法

```
background-position:水平距离 垂直距离;
```

说明

background-position 属性的关键字取值如表 19-3 所示，关键字效果如图 19-8 所示。

表 19-3 background-position 关键字取值

属性值	说明
top left	左上
top center	靠上居中
top right	右上
left center	靠左居中
center center	正中
right center	靠右居中
bottom left	左下
bottom center	靠下居中
bottom right	右下

top left	top center	top right
left center	center center	right center
bottom left	bottom center	bottom right

图 19-8　关键字效果

▼ 举例

```
<!DOCTYPE html>
<html>
<head>
    <meta charset="utf-8" />
    <title></title>
    <style type="text/css">
        div
        {
            width:300px;
            height:200px;
            border:1px solid silver;
            background-image:url(img/judy.png);
            background-repeat:no-repeat;
            background-position:center right;
        }
    </style>
</head>
<body>
    <div></div>
</body>
</html>
```

浏览器预览效果如图 19-9 所示。

图 19-9　取值为"关键字"

▼ 分析

"background-position:right center;"中的"right center"，表示相对于左上角，水平方向在右边（right），垂直方向在中间（center）。

在实际开发中，background-position 一般用于实现 CSS Spirit（精灵图片）。对于 CSS Spirit 技术，我们在本系列的《从 0 到 1：CSS 进阶》这本书中再深入介绍。

19.6 背景图片固定：background-attachment

在 CSS 中，我们可以使用 background-attachment 属性来定义背景图片是随元素一起滚动还是固定不动。

▼ 语法

```
background-attachment:取值;
```

▼ 说明

background-attachment 属性取值只有 2 个，如表 19-4 所示。

表 19-4　background-attachment 属性取值

属性值	说明
scroll	随元素一起滚动（默认值）
fixed	固定不动

▼ 举例

```
<!DOCTYPE html>
<html>
<head>
    <meta charset="utf-8" />
    <title></title>
    <style type="text/css">
        div
        {
            width:160px;
            height:1200px;
            border:1px solid silver;
            background-image:url(img/judy.png);
            background-repeat:no-repeat;
            background-attachment:fixed;
        }
    </style>
</head>
<body>
    <div></div>
</body>
</html>
```

浏览器预览效果如图 19-10 所示。

图 19-10 背景固定效果

▚ 分析

我们在本地浏览器中拖动右边的滚动条，可以发现，背景图片在页面固定不动了。如果把"background-attachment:fixed；"这一行代码去掉，背景图片就会随着元素一起滚动。

在实际开发中，background-attachment 这个属性几乎用不上，这里看一下就行。

19.7 本章练习

一、单选题

1. CSS 可以使用（   ）属性来设置文本颜色。
    A. color   B. background-color   C. text-color   D. font-color

2. 下面有关背景样式，说法不正确的是（   ）。
    A. 默认情况下，背景图片是不平铺的
    B. color 设置的是文本颜色，background-color 设置的是背景颜色
    C. CSS Spirit 技术是借助 background-position 属性来实现的
    D. 我们可以使用"background-repeat:repeat-x;"来实现背景图片在 X 轴方向平铺

二、编程题

请将图 19-11 所示的图片当成背景图，要求铺满整个页面，不允许有空隙。

图 19-11 背景图

第 20 章

超链接样式

20.1 超链接伪类

在浏览器中，超链接的外观如图 20-1 所示。可以看出，超链接在鼠标单击的不同时期的样式是不一样的。

- ▶ 默认情况下：字体为蓝色，带有下划线。
- ▶ 鼠标单击时：字体为红色，带有下划线。
- ▶ 鼠标单击后：字体为紫色，带有下划线。

<u>默认情况下</u>
<u>鼠标点击时</u>
<u>鼠标点击后</u>

图 20-1　超链接外观效果

鼠标单击时，指的是单击超链接的那一瞬间。也就是说，字体变为红色也就是一瞬间的事情。小伙伴们最好在本地编辑器中自己测试一下。

20.1.1　超链接伪类简介

在 CSS 中，我们可以使用"超链接伪类"来定义超链接在鼠标单击的不同时期的样式。

▼ **语法**

```
a:link{…}
a:visited{…}
a:hover{…}
a:active{…}
```

说明

定义 4 个伪类，必须按照“link、visited、hover、active”的顺序进行，不然浏览器可能无法正常显示这 4 种样式。请记住，这 4 种样式的定义顺序不能改变，如表 20-1 所示。

表 20-1 超链接伪类

伪类	说明
a:link	定义 a 元素未访问时的样式
a:visited	定义 a 元素访问后的样式
a:hover	定义鼠标经过 a 元素时的样式
a:active	定义鼠标单击激活时的样式

小伙伴们可能觉得很难把这个顺序记住。不用担心，这里有一个挺好的记忆方法：“love hate”。我们把这个顺序规则称为“爱恨原则”，以后大家回忆一下“爱恨原则”，自然就写出来了。

举例

```
<!DOCTYPE html>
<html>
<head>
    <meta charset="utf-8" />
    <title> </title>
    <style type="text/css">
        a{text-decoration:none;}
        a:link{color:red;}
        a:visited{color:purple;}
        a:hover{color:yellow;}
        a:active{color:blue;}
    </style>
</head>
<body>
    <a href="http://www.lvyestudy.com" target="_blank">绿叶学习网</a>
</body>
</html>
```

浏览器预览效果如图 20-2 所示。

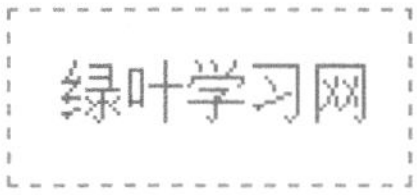

图 20-2 超链接伪类

分析

“a{text-decoration:none;}”表示去掉超链接默认样式中的下划线，这个技巧我们在前面的章节中已经介绍过了。

本节的内容大家最好在本地编辑器中测试一下，这样才会对超链接伪类定义的效果有一个直观的感觉。

20.1.2　深入了解超链接伪类

大家可能会问：是不是每一个超链接都必须要定义 4 种状态下的样式呢？当然不是！在实际开发中，我们只会用到两种状态：未访问时状态和鼠标经过状态。

▼ 语法

a{…}
a:hover{…}

▼ 说明

对于未访问时状态，我们直接针对 a 元素定义就行了，没必要使用"a:link"。

▼ 举例

```
<!DOCTYPE html>
<html>
<head>
    <meta charset="utf-8" />
    <title> </title>
    <style type="text/css">
        a
        {
            color:red;
            text-decoration: none;
        }
        a:hover
        {
            color:blue;
            text-decoration:underline;
        }
    </style>
</head>
<body>
    <div>
        <a href="http://www.lvyestudy.com" target="_blank">绿叶学习网</a>
    </div>
</body>
</html>
```

默认情况下，预览效果如图 20-3 所示。当鼠标经过时，此时效果如图 20-4 所示。

图 20-3　未访问状态样式 　　　　　　图 20-4　鼠标经过时样式

分析

事实上，对于超链接伪类来说，我们只需要记住“a:hover”这一个就够了，因为在实际开发中也只会用到这一个。

【解惑】

为什么我的浏览器中的超链接是紫色的呢？用 color 属性重新定义也无效，这是怎么回事？

如果某一个地址的超链接之前被单击过，浏览器就会记下你的访问记录。那么下次你再用这个已经访问过的地址作为超链接地址时，它就是紫色的了。小伙伴们换一个地址就可以了。

20.2 深入了解 :hover

不仅是初学者，很多接触 CSS 很久的小伙伴都会以为“:hover”伪类只限用于 a 元素，都觉得它唯一的作用就是定义鼠标经过超链接时的样式。

要是你这样想，那就埋没了一个功能非常强大的 CSS 技巧了。事实上，“:hover”伪类可以定义任何一个元素在鼠标经过时的样式。注意，是任何元素。

语法

```
元素:hover{…}
```

举例：“:hover”用于 div

```
<!DOCTYPE html>
<html>
<head>
    <meta charset="utf-8" />
    <title></title>
    <style type="text/css">
        div
        {
            width:100px;
            height:30px;
            line-height:30px;
            text-align:center;
            color:white;
            background-color: lightskyblue;
        }
        div:hover
        {
            background-color: hotpink;
        }
    </style>
</head>
```

```
<body>
    <div>绿叶学习网</div>
</body>
</html>
```

默认情况下，预览效果如图 20-5 所示。当鼠标经过时，此时效果如图 20-6 所示。

图 20-5   div 未访问时的样式

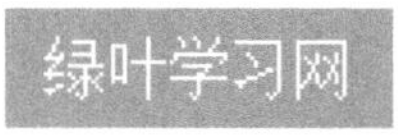

图 20-6   div 鼠标经过时的样式

▐ 分析

在这个例子中，我们使用":hover"为 div 元素定义鼠标经过时就改变背景色。

▐ 举例：:hover 用于 img

```
<!DOCTYPE html>
<html>
<head>
    <meta charset="utf-8" />
    <title></title>
    <style type="text/css">
        img:hover
        {
            border:2px solid red;
        }
    </style>
</head>
<body>
    <img src="img/girl.gif" alt="">
</html>
```

默认情况下，预览效果如图 20-7 所示。当鼠标经过时，效果如图 20-8 所示。

图 20-7   img 鼠标未访问时的样式

图 20-8   img 鼠标经过时的样式

▐ 分析

在这个例子中，我们使用":hover"为 img 元素定义鼠标经过时就为其添加一个边框。要知道，":hover 伪类"应用非常广泛，任何一个网站都会大量地用到，我们要好好掌握。

20.3　鼠标样式

在 CSS 中，对于鼠标样式的定义，我们有两种方式：浏览器鼠标样式和自定义鼠标样式。

20.3.1　浏览器鼠标样式

在 CSS 中，我们可以使用 cursor 属性来定义鼠标样式。

▼ **语法**

cursor:取值;

▼ **说明**

cursor 属性取值如表 20-2 所示。估计小伙伴们都很惊讶："这么多属性值，怎么记得住？"其实大家不用担心，在实际开发中，我们一般只会用到 3 个：default、pointer 和 text。其他的很少用得上，所以就不需要去记忆了。

表 20-2　浏览器鼠标样式

属性值	外观
default（默认值）	↖
pointer	👆
text	I
crosshair	+
wait	○
help	↖?
move	✥
e-resize 或 w-resize	↔
ne-resize 或 sw-resize	⤢
nw-resize 或 se-resize	⤡
n-resize 或 s-resize	↕

▼ **举例**

```
<!DOCTYPE html>
<html>
<head>
    <meta charset="utf-8" />
    <style type="text/css">
```

```
        div
        {
            width:100px;
            height:30px;
            line-height:30px;
            text-align:center;
            background-color: hotpink;
            color:white;
            font-size:14px;
        }
        #div_default{cursor:default;}
        #div_pointer{cursor:pointer;}
    </style>
</head>
<body>
    <div id="div_default">鼠标默认样式</div>
    <div id="div_pointer">鼠标手状样式</div>
</body>
</html>
```

浏览器预览效果如图 20-9 所示。

图 20-9　浏览器鼠标样式

20.3.2　自定义鼠标样式

除了使用浏览器自带的鼠标样式，我们还可以使用 cursor 属性来自定义鼠标样式。只不过语法稍微有点不一样。

▞ 语法

cursor:url(图片地址)，属性值；

▞ 说明

这个"图片地址"是鼠标图片地址，其中鼠标图片后缀名一般都是".cur"，我们可以使用一些小软件来制作，小伙伴们可以自行搜索一下相关软件和制作方法。

这个"属性值"一般只会用到 3 个，分别是 default、pointer 和 text。

▞ 举例

```
<!DOCTYPE html>
<html>
```

```
<head>
    <meta charset="utf-8" />
    <style type="text/css">
        div
        {
            width:100px;
            height:30px;
            line-height:30px;
            text-align:center;
            background-color: hotpink;
            color:white;
            font-size:14px;
        }
        #div_default{cursor:url(img/cursor/default.cur),default;}
        #div_pointer{cursor:url(img/cursor/pointer.cur),pointer;}
    </style>
</head>
<body>
    <div id="div_default">鼠标默认样式</div>
    <div id="div_pointer">鼠标手状样式</div>
</body>
</html>
```

浏览器预览效果如图 20-10 所示。

图 20-10 自定义鼠标样式

▌ 分析

使用自定义鼠标样式可以打造更有个性的个人网站，不仅美观大方，而且能更好地匹配网站的风格。

20.4 本章练习

一、单选题

1. 下面哪一个伪类选择器是用于定义鼠标经过元素时的样式的？（   ）
   A. :link   B. :visited
   C. :hover   D. :active
2. 在实际开发中，如果想要定义超链接未访问时的样式，可以使用（   ）。

　　　A. a{}　　　　　　　　　　　　　　B. a:visited{}

　　　C. a:hover{}　　　　　　　　　　　D. a:active{}

3. 我们可以使用（　　　）来实现鼠标悬停在超链接上时为无下划线效果。

　　　A. a{text-decoration:underline;}　　　B. a{text-decoration:none;}

　　　C. a:link{text-decoration:underline;}　　D. a:hover{text-decoration:none;}

4. 下面有关超链接样式的说法中，正确的是（　　　）。

　　　A. 对于超链接的下划线，我们可以使用"text-decoration:none;"将其去掉

　　　B. 使用 cursor 属性自定义鼠标样式时，使用的图片文件后缀名可以是".png"

　　　C. ":hover"伪类只能用于 a 元素，不能用于其他元素

　　　D. 对于超链接来说，在实际开发中，我们一般只会定义两种状态：鼠标经过状态和单击后状态

二、编程题

在网页中添加一段文本链接，并且设置其在不同的状态下显示不同的效果，要求如下。

▶ 未访问时：没有下划线，颜色为红色。

▶ 鼠标经过时：有下划线，颜色为蓝色。

第 21 章
盒子模型

21.1 CSS 盒子模型

在 HTML 中，我们学习了一个很重要的理论：**块元素和行内元素**。在这一节中，我们介绍 CSS 中极其重要的一个理论——**CSS 盒子模型**。

在"CSS 盒子模型"理论中，页面中的所有元素都可以看成一个盒子，并且占据着一定的页面空间。图 21-1 所示为一个 CSS 盒子模型的具体结构。

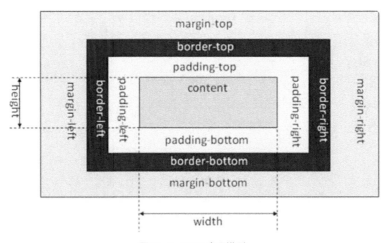

图 21-1　CSS 盒子模型

一个页面由很多这样的盒子组成，这些盒子之间会互相影响，因此掌握盒子模型需要从两个方面来理解：一是理解单独一个盒子的内部结构（往往是 padding），二是理解多个盒子之间的相互关系（往往是 margin）。

可以把每个元素都看成一个盒子，盒子模型是由 4 个属性组成的：content（内容）、padding（内边距）、margin（外边距）和 border（边框）。此外，在盒子模型中，还有宽度（width）和高度（height）两大辅助性属性。**记住，所有的元素都可以看成一个盒子。**

从上面我们知道，盒子模型的组成部分有 4 个，如表 21-1 所示。

表 21-1　CSS 盒子模型的组成部分

属性	说明
content	内容，可以是文本或图片
padding	内边距，用于定义内容与边框之间的距离
margin	外边距，用于定义当前元素与其他元素之间的距离
border	边框，用于定义元素的边框

1.　内容区

内容区是 CSS 盒子模型的中心，它呈现了盒子的主要信息内容，这些内容可以是文本、图片等多种类型。内容区是盒子模型必备的组成部分，其他 3 个部分都是可选的。

内容区有 3 个属性：width、height 和 overflow。使用 width 和 height 属性可以指定盒子内容区的高度和宽度。在这里注意一点，width 和 height 这两个属性是针对内容区 content 而言的，并不包括 padding 部分。

当内容过多，超出 width 和 height 时，可以使用 overflow 属性来指定溢出处理方式。

2.　内边距

内边距，指的是内容区和边框之间的空间，可以看成是内容区的背景区域。

关于内边距的属性有 5 种：padding-top、padding-bottom、padding-left、padding-right，以及综合了以上 4 个方向的简写内边距属性 padding。使用这 5 种属性可以指定内容区与各方向边框之间的距离。

3.　外边距

外边距，指的是两个盒子之间的距离，它可能是子元素与父元素之间的距离，也可能是兄弟元素之间的距离。外边距使得元素之间不必紧凑地连接在一起，是 CSS 布局的一个重要手段。

外边距的属性也有 5 种：margin-top、margin-bottom、margin-left、margin-right，以及综合了以上 4 个方向的简写外边距属性 margin。

同时，CSS 允许给外边距属性指定负数值，当外边距为负值时，整个盒子将向指定负值的相反方向移动，以此产生盒子的重叠效果，这就是传说中的"负 margin 技术"。

4.　边框

在 CSS 盒子模型中，边框与我们之前学过的边框是一样的。

边框属性有 border-width、border-style、border-color，以及综合了 3 类属性的简写边框属性 border。

其中，border-width 指定边框宽度，border-style 指定边框类型，border-color 指定边框颜色。下面两段代码是等价的。

```
/*代码1*/
border-width:1px;
```

```
border-style:solid;
border-color:gray;
/*代码2*/
border:1px solid gray;
```

内容区、内边距、边框、外边距这几个概念可能比较抽象，对于初学者来说，一时半会儿还没办法全部理解。不过没关系，等我们把这一章学习完再回来这里看一下就懂了。

▌ 举例

```
<!DOCTYPE html>
<html>
<head>
    <meta charset="utf-8" />
    <title></title>
    <style type="text/css">
        div
        {
            display:inline-block;      /*将块元素转换为inline-block元素*/
            padding:20px;
            margin:40px;
            border:2px solid red;
            background-color:#FFDEAD;
        }
    </style>
</head>
<body>
    <div>绿叶学习网</div>
</body>
</html>
```

浏览器预览效果如图 21-2 所示。

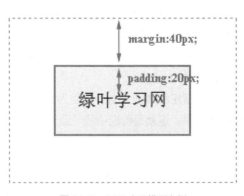

图 21-2　CSS 盒子模型实例

▌ 分析

在这个例子中，如果我们把 div 元素看成是一个盒子，则"绿叶学习网"这几个字就是内容区（content），文字到边框的距离就是内边距（padding），而边框到其他元素的距离就是（margin）。此外还有几点要说明一下。

- padding 在元素内部，而 margin 在元素外部。
- margin 看起来不属于 div 元素的一部分，但实际上 div 元素的盒子模型是包含 margin 的。

在这个例子中，“display:inline-block”表示将元素转换为行内块元素（即 inline-block），其中 inline-block 元素的宽度是由内容区撑起来的。我们之所以在这个例子中将元素转换为 inline-block 元素，也是为了让元素的宽度由内容区撑起来，以便更好地观察。不过 display 是一个非常复杂的属性，我们在本系列的《从 0 到 1：CSS 进阶之旅》这本书中再详细介绍。

21.2 宽高：width、height

从图 21-3 所示的 CSS 盒子模型中我们可以看出，元素的宽度（width）和高度（height）是针对内容区而言的。很多初学的小伙伴容易把 padding 也认为是内容区的一部分，这样理解是错的。

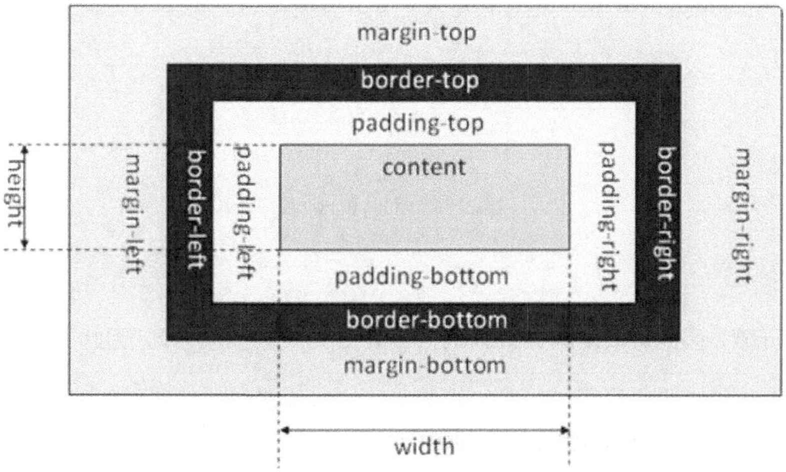

图 21-3 CSS 盒子模型

语法

```
width:像素值;
height:像素值;
```

说明

只有块元素才可以设置 width 和 height，行内元素是无法设置 width 和 height 的。（我们这里不考虑 inline-block 元素）

举例

```
<!DOCTYPE html>
<html>
<head>
    <meta charset="utf-8" />
    <title></title>
    <style type="text/css">
```

```
        div,span
        {
            width:100px;
            height:50px;
        }
        div{border:1px solid red;}
        span{border:1px solid blue;}
    </style>
</head>
<body>
    <div></div>
    <span></span>
</body>
</html>
```

浏览器预览效果如图 21-4 所示。

图 21-4　width 和 height

▌ 分析

div 是块元素，因此可以设置 width 和 height。span 是行内元素，因此不可以设置 width 和 height。

▌ 举例：块元素设置 width 和 height

```
<!DOCTYPE html>
<html>
<head>
    <meta charset="utf-8" />
    <title></title>
    <style type="text/css">
        #div1
        {
            width:100px;
            height:40px;
            border:1px solid red;
        }
        #div2
        {
            width:100px;
            height:80px;
            border:1px solid blue;
        }
    </style>
```

```
</head>
<body>
    <div id="div1">绿叶学习网</div>
    <div id="div2">绿叶学习网</div>
</body>
</html>
```

浏览器预览效果如图 21-5 所示。

图 21-5　块元素设置 width 和 height

分析

从这个例子可以很直观地看出来，块元素设置的 width 和 height 可以生效。此外，要是没有给块元素设置 width，那么块元素就会延伸到一整行，这一点相信大家都了解了。

举例：行内元素设置 width 和 height

```
<!DOCTYPE html>
<html>
<head>
    <meta charset="utf-8" />
    <title></title>
    <style type="text/css">
        #span1
        {
            width:100px;
            height:40px;
            border:1px solid red;
        }
        #span2
        {
            width:100px;
            height:80px;
            border:1px solid blue;
        }
    </style>
</head>
<body>
    <span id="span1">绿叶学习网</span>
    <span id="span2">绿叶学习网</span>
```

```
</body>
</html>
```

浏览器预览效果如图 21-6 所示。

绿叶学习网　绿叶学习网

图 21-6　行内元素设置 width 和 height

▌ **分析**

从这个例子可以很直观地看出来，行内元素设置的 width 和 height 无法生效，它的宽度和高度只能由内容区撑起来。

【解惑】

如果我们要为行内元素（如 span）设置宽度和高度，那该怎么办呢？

在 CSS 中，我们可以使用 display 属性来将行内元素转换为块元素，也可以将块元素转换为行内元素。对于 display 属性，我们在本系列的《从 0 到 1：CSS 进阶之旅》这本书中再详细介绍。

21.3　边框：border

在"边框样式"这一章中，我们已经深入学习了边框的属性。在实际开发中，我们只需要注意一点就行：对于 border 属性，使用更多的是简写形式。

▌ **语法**

```
border:1px solid red;
```

▌ **说明**

第 1 个值指的是边框宽度（border-width），第 2 个值指的是边框外观（border-style），第 3 个值指的是边框颜色（border-color）。

▌ **举例**

```
<!DOCTYPE html>
<html>
<head>
    <meta charset="utf-8" />
    <title></title>
    <style type="text/css">
        div
        {
            width:100px;
            height:80px;
            border: 2px dashed red;
        }
```

```
        </style>
    </head>
    <body>
        <div></div>
    </body>
    </html>
```

浏览器预览效果如图 21-7 所示。

图 21-7   border

▌ **分析**

在这个例子中，我们使用了边框的简写形式。

21.4   内边距：padding

内边距 padding，又常常被称为"补白"，它指的是内容区到边框之间的那一部分。内边距都是在边框内部的，如图 21-8 所示。

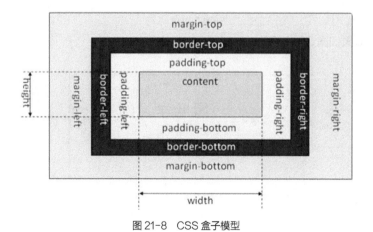

图 21-8   CSS 盒子模型

21.4.1   padding 局部样式

从 CSS 盒子模型中我们可以看出，内边距分为 4 个方向: padding-top、padding-right、padding-bottom、padding-left。

语法

```
padding-top:像素值;
padding-right:像素值;
padding-bottom:像素值;
padding-left:像素值;
```

举例

```
<!DOCTYPE html>
<html>
<head>
    <meta charset="utf-8" />
    <title></title>
    <style type="text/css">
        div
        {
            display:inline-block;    /*将块元素转换为inline-block元素*/
            padding-top:20px;
            padding-right:40px;
            padding-bottom:60px;
            padding-left:80px;
            border:2px solid red;
            background-color:#FFDEAD;
        }
    </style>
</head>
<body>
    <div>绿叶学习网</div>
</body>
</html>
```

浏览器预览效果如图21-9所示。

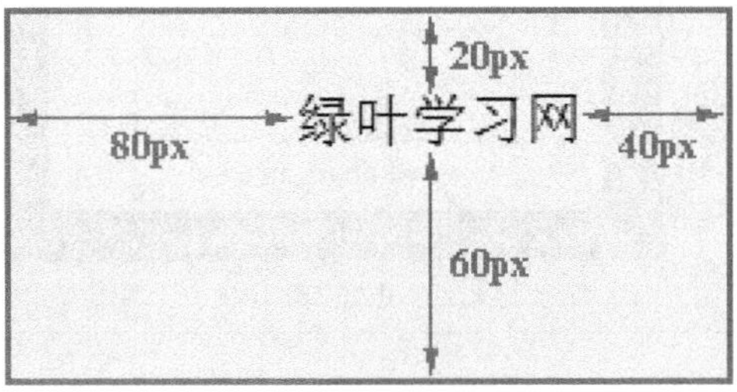

图21-9 padding局部样式

21.4.2 padding简写形式

和border属性一样，padding属性也有简写形式。在实际开发中，我们往往使用简写形式，因为这样开发效率更高。padding的写法有3种，如下页所示。

▌ 语法

```
padding:像素值;
padding:像素值1 像素值2;
padding:像素值1 像素值2 像素值3 像素值4;
```

▌ 说明

"padding:20px;"表示 4 个方向的内边距都是 20px。

"padding:20px 40px;"表示 padding-top 和 padding-bottom 为 20px，padding-right 和 padding-left 为 40px。

"padding:20px 40px 60px 80px;"表示 padding-top 为 20px，padding-right 为 40px，padding-bottom 为 60px，padding-left 为 80px。大家按照顺时针方向记忆就可以了。

对于 padding 的情况，小伙伴们可以看一下图 21-10。

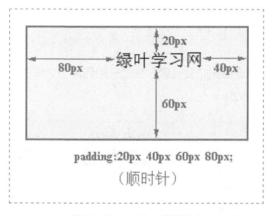

图 21-10　padding 简写形式

▌ 举例

```html
<!DOCTYPE html>
<html>
<head>
    <meta charset="utf-8" />
    <title></title>
    <style type="text/css">
        div
        {
            display:inline-block;    /*将块元素转换为inline-block元素*/
            padding:40px 80px;
            margin:40px;
            border:2px solid red;
            background-color:#FFDEAD;
        }
    </style>
</head>
<body>
    <div>绿叶学习网</div>
</body>
</html>
```

浏览器预览效果如图 21-11 所示。

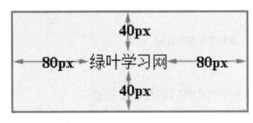

图 21-11　实例

▊ 分析

如果要让文本在一个元素内部居中，可以使用 padding 来实现，就像这个例子一样。

21.5　外边距：margin

外边距 margin，指的是边框到"父元素"或"兄弟元素"之间的那一部分。外边距是在元素边框的外部的，如图 21-12 所示。

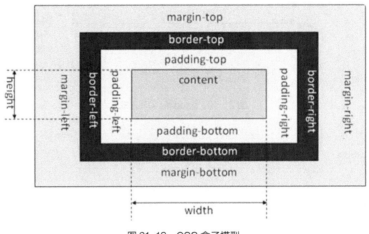

图 21-12　CSS 盒子模型

21.5.1　margin 局部样式

从 CSS 盒子模型中我们可以看出，外边距分为 4 个方向：margin-top、margin-right、margin-bottom、margin-left。

▊ 语法

```
margin-top:像素值;
margin-right:像素值;
margin-bottom:像素值;
margin-left:像素值;
```

▌ **举例**

```html
<!DOCTYPE html>
<html>
<head>
    <meta charset="utf-8" />
    <title></title>
    <style type="text/css">
        div
        {
            display:inline-block;      /*将块元素转换为inline-block元素*/
            padding:20px;
            margin-top:20px;
            margin-right:40px;
            margin-bottom:60px;
            margin-left:80px;
            border:1px solid red;
            background-color:#FFDEAD;
        }
    </style>
</head>
<body>
    <div>绿叶学习网</div>
</body>
</html>
```

浏览器预览效果如图 21-13 所示。

图 21-13   margin 局部样式

▌ **分析**

小伙伴们可能会有疑问："为什么加上 margin 与没加是一样的呢？看不出有什么区别。"

外边距指的是两个盒子之间的距离，它可能是子元素与父元素之间的距离，也可能是兄弟元素之间的距离。上面我们没有加入其他元素当参考对象，所以看不出来效果。

▌ **举例：只有父元素，没有兄弟元素时**

```html
<!DOCTYPE html>
<html>
<head>
    <meta charset="utf-8" />
    <title></title>
    <style type="text/css">
        #father
        {
            display: inline-block;          /*将块元素转换为inline-block元素*/
```

```
            border:1px solid blue;
        }
        #son
        {
            display:inline-block;          /*将块元素转换为inline-block元素 */
            padding:20px;
            margin-top:20px;
            margin-right:40px;
            margin-bottom:60px;
            margin-left:80px;
            border:1px solid red;
            background-color:#FFDEAD;
        }
    </style>
</head>
<body>
    <div id="father">
        <div id="son">绿叶学习网</div>
    </div>
</body>
</html>
```

浏览器预览效果如图 21-14 所示。

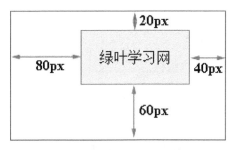

图 21-14　只有父元素，没有兄弟元素

▶ 分析

当只有父元素时，该元素设置的 margin 就是相对于父元素之间的距离。

▶ 举例：有兄弟元素时

```
<!DOCTYPE html>
<html>
<head>
    <meta charset="utf-8" />
    <title></title>
    <style type="text/css">
        #father
        {
            display: inline-block;          /*将块元素转换为inline-block元素 */
            border:1px solid blue;
        }
```

```
        #son
        {
            display:inline-block;      /*将块元素转换为inline-block元素*/
            padding:20px;
            margin-top:20px;
            margin-right:40px;
            margin-bottom:60px;
            margin-left:80px;
            border:1px solid red;
            background-color:#FFDEAD;
        }
        .brother
        {
            height:50px;
            background-color:lightskyblue;
        }
    </style>
</head>
<body>
    <div id="father">
        <div class="brother"></div>
        <div id="son">绿叶学习网</div>
        <div class="brother"></div>
    </div>
</body>
</html>
```

浏览器预览效果如图 21-15 所示。

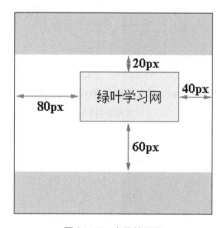

图 21-15　有兄弟元素

▼ 分析

当既有父元素，又有兄弟元素时，该元素会先看看 4 个方向有没有兄弟元素存在。如果该方向有兄弟元素，则这个方向的 margin 就是相对于兄弟元素而言；如果该方向没有兄弟元素，则这个方向的 margin 就是相对于父元素而言。

padding 和 margin 的区别在于，padding 体现的是元素的"内部结构"，而 margin 体现的是元素之间的相互关系。

21.5.2　margin 简写形式

和 padding 一样，margin 也有简写形式。在实际开发中，我们往往使用简写形式，因为这样可以使开发效率更高。其中 margin 的写法也有 3 种，如下所示。

▶ 语法

```
margin:像素值;
margin:像素值1 像素值2;
margin:像素值1 像素值2 像素值3 像素值4;
```

▶ 说明

"margin:20px;"表示 4 个方向的外边距都是 20px。

"margin:20px 40px;"表示 margin-top 和 margin-bottom 为 20px，margin-right 和 margin-left 为 40px。

"margin:20px 40px 60px 80px;"表示 margin-top 为 20px，margin-right 为 40px，margin-bottom 为 60px，margin-left 为 80px。大家按照顺时针方向记忆就可以了。

对于 margin 的情况，小伙伴们可以看一下图 21-16。

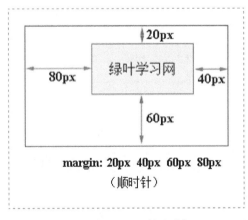

图 21-16　margin 简写形式

▶ 举例

```
<!DOCTYPE html>
<html>
<head>
    <meta charset="utf-8" />
    <title></title>
    <style type="text/css">
        div
        {
            display:inline-block;    /*将块元素转换为inline-block元素*/
            padding:20px;
```

```
        margin:40px 80px;
        border:1px solid red;
        background-color:#FFDEAD;
    }
    </style>
</head>
<body>
    <div>绿叶学习网</div>
</body>
</html>
```

浏览器预览效果如图 21-17 所示。

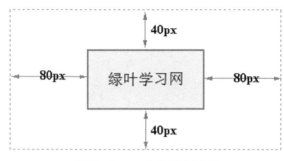

图 21-17　margin 局部样式实例

21.5.3　浏览器审查元素

在实际开发中，为了更好地进行布局，我们需要获取某一个元素的盒子模型，知道 padding 是多少，margin 又是多少，然后再进行计算。那怎样才可以快速查看元素的盒子模型信息呢？我们可以通过浏览器自带的"控制台"功能来实现。

大多数主流浏览器的操作相似，下面我们以 Chrome 浏览器为例来做说明。

【第 1 步】：将鼠标指针移到你想要的元素上面，然后单击右键，选择"检查"（或者按快捷键 Ctrl+Shift+I），如图 21-18 所示。

图 21-18　鼠标右键

【第2步】：在弹出的控制台中，我们可以找到该元素的盒子模型，如图 21-19 所示。

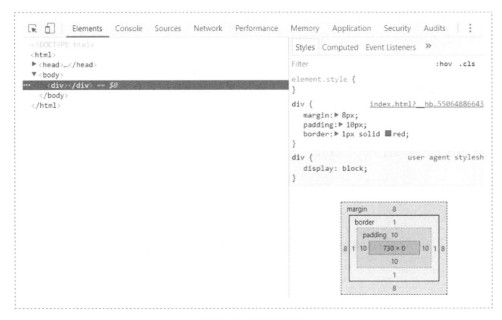

图 21-19　浏览器控制台

　　浏览器提供的控制台功能非常强大，远不只这一个功能。使用浏览器控制台辅助开发，是前端开发必备的一项基础技能。小伙伴们可以自行搜索一下这方面的使用技巧，深入学习一下。由于篇幅有限，这里就不详细展开介绍了。

21.6　本章练习

单选题

1.　下面哪个属性用于定义外边距？（　　　）

  A．content　　　　　　　　　　　B．padding

  C．border　　　　　　　　　　　D．margin

2.　下面有关 CSS 盒子模型的说法中，正确的是（　　　）。

  A．margin 不属于元素的一部分，因为它不在边框内部

  B．padding 又称为"补白"，指的是边框到"父元素"或"兄弟元素"之间的那一部分

  C．"margin:20px 40px 60px 80px;"表示 margin-top 为 20px，margin-left 为 40px，margin-bottom 为 60px，margin-right 为 80px

  D．width 和 height 只是针对内容区（content）而言的，不包括内边距（padding）

3.　如果一个 div 元素的上内边距和下内边距都是 20px，左内边距是 30px，右内边距是 40px，正确的写法是（　　　）。

  A．padding:20px 40px 30px;

  B．padding:20px 40px 20px 30px;

C. padding:20px 30px 40px;

D. padding:40px 20px 30px 20px;

4. 对于"margin:20px 40px"，下面说法正确的是（　　　）。

　　A. margin-top 是 20px，margin-right 是 40px，margin-bottom 和 margin-left 都是 0

　　B. margin-top 是 20px，margin-bottom 是 40px，margin-left 和 margin-right 都是 0

　　C. margin-top 和 margin-bottom 都是 20px，margin-left 和 margin-right 都是 40px

　　D. margin-top 和 margin-bottom 都是 40px，margin-left 和 margin-right 都是 20px

5. 默认情况下，（　　　）元素设置 width 和 height 可以生效。

　　A. div　　　　　　　　　　B. span

　　C. strong　　　　　　　　　D. em

第 22 章
浮动布局

22.1　文档流简介

在学习浮动布局和定位布局之前，我们先来了解"正常文档流"和"脱离文档流"。深入了解这两个概念，是学习浮动布局和定位布局的理论前提。

22.1.1　正常文档流

什么叫"文档流"？简单地说，就是指元素在页面中出现的先后顺序。那什么叫"正常文档流"呢？

正常文档流，又称为"普通文档流"或"普通流"，也就是 W3C 标准所说的"normal flow"。我们先来看一下正常文档流的简单定义："正常文档流，将一个页面从上到下分为一行一行，其中块元素独占一行，相邻行内元素在每一行中按照从左到右排列直到该行排满。"也就是说，正常文档流指的就是默认情况下页面元素的布局情况。

▼ 举例

```
<!DOCTYPE html>
<html>
<head>
    <meta charset="utf-8" />
    <title></title>
</head>
<body>
    <div></div>
    <span></span><span></span>
    <p></p>
    <span></span><i></i>
    <img />
```

```
        <hr />
    </body>
</html>
```

上面 HTML 代码的正常文档流如图 22-1 所示，分析图如图 22-2 所示。

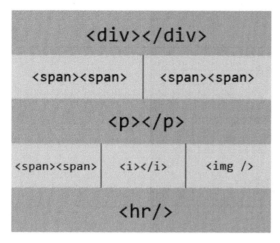

图 22-1　正常文档流

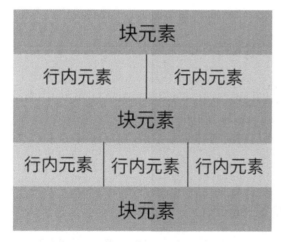

图 22-2　分析图

▌ 分析

由于 div、p、hr 都是块元素，因此独占一行。而 span、i、img 都是行内元素，因此如果两个行内元素相邻，就会位于同一行，并且从左到右排列。

22.1.2　脱离文档流

脱离文档流，指的是脱离正常文档流。正常文档流就是我们没有使用浮动或者定位去改变的默认情况下的 HTML 文档结构。换一句话说，如果我们想要改变正常文档流，可以使用两种方法：浮动和定位。

举例

```
<!DOCTYPE html>
<html>
<head>
    <meta charset="utf-8" />
    <title></title>
</head>
    <style type="text/css">
        /*定义父元素样式*/
        #father
        {
            width:300px;
            background-color:#0C6A9D;
            border:1px solid silver;
        }
        /*定义子元素样式*/
        #father div
        {
            padding:10px;
            margin:15px;
            border:2px dashed red;
            background-color:#FCD568;
        }
    </style>
</head>
<body>
    <div id="father">
        <div id="son1">box1</div>
        <div id="son2">box2</div>
        <div id="son3">box3</div>
    </div>
</body>
</html>
```

浏览器预览效果如图 22-3 所示。

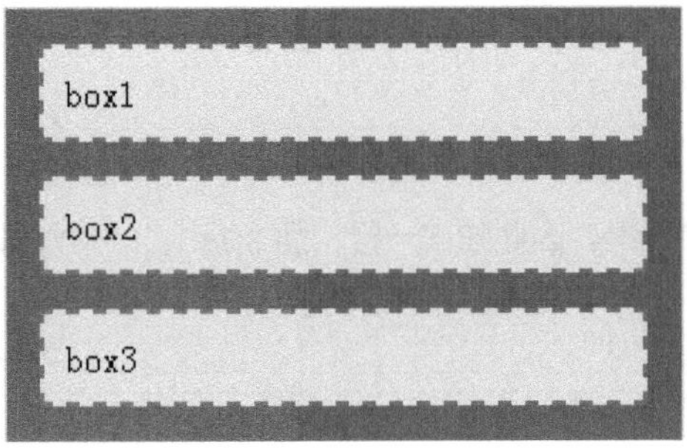

图 22-3 正常文档流效果

分析

上面定义了 3 个 div 元素。对于这个 HTML 来说，正常文档流指的就是从上到下依次显示这 3

个 div 元素。由于 div 是块元素，因此每个 div 元素独占一行。

1. 设置浮动

当我们为第 2 个和第 3 个 div 元素设置左浮动时，浏览器的预览效果如图 22-4 所示。

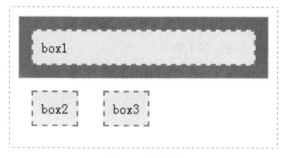

图 22-4　浮动效果

正常文档流情况下，div 块元素会独占一行。但是由于设置了浮动，第 2 个和第 3 个 div 元素却是并列一行，并且跑到父元素之外，和正常文档流不一样。也就是说，设置浮动使得元素脱离了正常文档流。

2. 设置定位

当我们为第 3 个 div 元素设置绝对定位的时候，浏览器预览效果如图 22-5 所示。

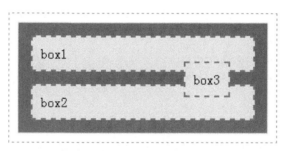

图 22-5　定位效果

由于设置了定位，第 3 个 div 元素跑到父元素的上面去了。也就是说，设置了定位使得元素脱离了文档流。

对于浮动和定位，我们在接下来的两章会给大家详细介绍。

22.2　浮动

在"18.4 文字环绕 -float"这一节中，我们已经知道浮动（即 float 属性）是怎么一回事了。在图书的排版中，文本可以按照实际需要围绕图片排列（回想你看过的书的排版就知道了）。我们一般把这种方式称为"文本环绕"。在前端开发中，使用了浮动的页面元素其实就像在图书排版里被文字包围的图片一样。这样对比，就很好理解了。

浮动是 CSS 布局的最佳利器，我们可以通过浮动来灵活地定位页面元素，以达到布局网页的目的。例如，我们可以通过设置 float 属性让元素向左浮动或者向右浮动，以便让周围的元素或文本环绕着这个元素。

▶ 语法

```
float:取值;
```

▶ 说明

float 属性取值只有 2 个，如表 22-1 所示。

表 22-1　float 属性取值

属性值	说明
left	元素向左浮动
right	元素向右浮动

▶ 举例

```html
<!DOCTYPE html>
<html>
<head>
    <meta charset="utf-8" />
    <title></title>
    <style type="text/css">
        /*定义父元素样式*/
        #father
        {
            width:300px;
            background-color:#0C6A9D;
            border:1px solid silver;
        }
        /*定义子元素样式*/
        #father div
        {
            padding:10px;
            margin:15px;
        }
        #son1
        {
            background-color:hotpink;
            /*这里设置son1的浮动方式*/
        }
        #son2
        {
            background-color:#FCD568;
            /*这里设置son2的浮动方式*/
        }
    </style>
</head>
<body>
    <div id="father">
```

```
        <div id="son1">box1</div>
        <div id="son2">box2</div>
    </div>
</body>
</html>
```

浏览器预览效果如图 22-6 所示。

图 22-6 没有设置浮动时效果

分析

在这个代码中，定义了 3 个 div 块：一个是父块，另外两个是它的子块。为了便于观察，我们为每一个块都加上了背景颜色，并且在块与块之间加上一定的外边距。

从上图可以看出，如果两个子块都没有设置浮动，由于 div 是块元素，因此会各自向右延伸，并且自上而下排列。

1. 设置第 1 个 div 浮动

```
#son1
{
    background-color:hotpink;
    float:left;
}
```

浏览器预览效果如图 22-7 所示。

图 22-7 设置第 1 个 div 浮动

分析

由于 box1 设置为左浮动，box1 变成了浮动元素，因此此时 box1 的宽度不再延伸，而是由内容宽度决定其宽度。接着相邻的下一个 div 元素（box2）就会紧贴着 box1，这是由于浮动而形成的效果。

小伙伴们可以尝试在本地编辑器中，设置 box1 右浮动，然后看看实际效果如何？

2. 设置第 2 个 div 浮动

```
#son2
{
```

```
    background-color:#FCD568;
    float:left;
}
```

浏览器预览效果如图 22-8 所示。

图 22-8　设置 2 个 div 浮动

▰ 分析

由于 box2 变成了浮动元素，因此 box2 也和 box1 一样，宽度不再延伸，而是由内容确定宽度。如果 box2 后面还有其他元素，则其他元素也会紧贴着 box2。

细心的小伙伴估计看出来了，怎么父元素变成一条线了呢？其实这是浮动引起。至于怎么解决，我们在下一节会介绍。

我们都知道在正常文档流的情况下，块元素都是独占一行的。如果要让两个或者多个块元素并排在同一行，这个时候可以考虑使用浮动，将块元素脱离正常文档流来实现。

浮动，可以使元素移到左边或者右边，并且允许后面的文字或元素环绕着它。浮动最常用于实现水平方向上的并排布局，如两列布局、多列布局，如图 22-9 所示。也就是说，如果你想要实现两列并排或者多列并排的效果，首先可以考虑的是使用浮动来实现。

图 22-9　多列布局

22.3　清除浮动

从上一节我们可以看到，浮动会影响周围元素，并且还会引发很多预想不到的问题。在 CSS 中，我们可以使用 clear 属性来清除浮动带来的影响。

▰ 语法

```
clear:取值;
```

▰ 说明

clear 属性取值如表 22-2 所示。

表 22-2　clear 属性取值

属性值	说明
left	清除左浮动
right	清除右浮动
both	同时清除左浮动和右浮动

　　在实际开发中，我们几乎不会使用"clear:left"或"clear:right"来单独清除左浮动或右浮动，往往都是直截了当地使用"clear:both"来把所有浮动清除，既简单又省事。也就是说，我们只需要记住"clear:both"就可以了。

▌ 举例

```html
<!DOCTYPE html>
<html>
<head>
    <meta charset="utf-8" />
    <title></title>
    <style type="text/css">
        /*定义父元素样式*/
        #father
        {
            width:300px;
            background-color:#0C6A9D;
            border:1px solid silver;
        }
        /*定义子元素样式*/
        #father div
        {
            padding:10px;
            margin:15px;
        }
        #son1
        {
            background-color:hotpink;
            float:left;              /*左浮动*/
        }
        #son2
        {
            background-color:#FCD568;
            float:right;             /*右浮动*/
        }
        .clear{clear:both;}
    </style>
</head>
<body>
    <div id="father">
        <div id="son1">box1</div>
        <div id="son2">box2</div>
```

```
        <div class="clear"></div>
    </div>
</body>
</html>
```

浏览器预览效果如图 22-10 所示。

图 22-10　清除浮动

▌ 分析

我们一般都是在浮动元素后面再增加一个空元素，然后为这个空元素定义"clear:both"来清除浮动。在实际开发中，凡是用了浮动之后发现有不对劲的地方，首先应该检查有没有清除浮动。

事实上，可以用来清除浮动的不仅仅只有"clear:both"，还有"overflow:hidden"，以及其他更为常用的伪元素。当然，这些都是后话了。作为初学者，我们只需要掌握 clear:both 就可以了。

float 属性很简单，只有 3 个属性：left、right 和 both。但是浮动涉及的理论知识极其复杂，其中包括块元素和行内元素、CSS 盒子模型、脱离文档流、BFC、层叠上下文。如果一上来就介绍这些晦涩的概念，估计小伙伴们啥兴趣都没了。为了让大家有一个循序渐进的学习过程，我们把高级部分以及开发技巧放在了本系列的《从 0 到 1：CSS 进阶之旅》这本书中。如果小伙伴们希望把自己的水平提升到专业前端工程师的水平，一定要去认真学习。

22.4　本章练习

一、单选题

1. 如果想要实现文本环绕着图片，最好的解决方法是（　　）。
   A. 浮动布局　　　　　　　　　　B. 定位布局
   C. 表格布局　　　　　　　　　　D. 响应式布局
2. 在 CSS 中，"clear:both"的作用是（　　）。
   A. 清除该元素的所有样式
   B. 清除该元素的父元素的所有样式
   C. 指明该元素周围不可以出现浮动元素
   D. 指明该元素的父元素周围不可以出现浮动元素
3. 下面有关浮动的说法中，不正确的是（　　）。
   A. 浮动和定位都是使得元素脱离文档流来实现布局的
   B. 如果想要实现多列布局，最好的方式是使用定位布局

C. 浮动是魔鬼，如果控制不好，会造成页面布局混乱

D. 想要清除浮动，更多使用的是"clear:both"，而不是"clear:left"或"clear:right"来实现

二、编程题

使用浮动布局来实现图 22-11 所示的页面布局效果，其中各个元素之间的间距是 10px。下面只给出必要的尺寸，也就是说有些尺寸需要我们自己计算。在实际开发中，计算尺寸是家常便饭，所以这里小伙伴们自己试一下。

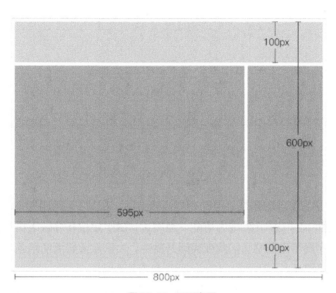

图 22-11　页面布局

第 23 章
定位布局

23.1　定位布局简介

在此之前，我们学习了浮动布局。浮动布局比较灵活，但是不容易控制。而定位布局的出现，使得用户精准定位页面中的任意元素成为可能。当然了，由于定位布局缺乏灵活性，这给空间大小和位置不确定的版面布局带来困惑。因此在实际开发中，大家应该灵活使用这两种布局方式，这样才可以更好地满足开发需求。

CSS 定位使你可以将一个元素精确地放在页面上指定的地方。联合使用定位和浮动，能够创建多种高级而精确的布局。其中，定位布局共有 4 种方式。

- ▶　固定定位（fixed）。
- ▶　相对定位（relative）。
- ▶　绝对定位（absolute）。
- ▶　静态定位（static）。

这 4 种方式都是通过 position 属性来实现的，其中 position 属性取值如表 23-1 所示。

表 23-1　position 属性取值

属性值	说明
fixed	固定定位
relative	相对定位
absolute	绝对定位
static	静态定位（默认值）

23.2　固定定位：fixed

固定定位是最直观也是最容易理解的定位方式。为了更好地让大家感受什么是定位布局，我们先来介绍一下固定定位。

在 CSS 中，我们可以使用"position:fixed;"来实现固定定位。所谓的固定定位，指的是被固定的元素不会随着滚动条的拖动而改变位置。

▼ 语法

```
position:fixed;
top:像素值;
bottom:像素值;
left:像素值;
right:像素值;
```

▼ 说明

"position:fixed;"是结合 top、bottom、left 和 right 这 4 个属性一起使用的。其中，先使用"position:fixed"让元素成为固定定位元素，接着使用 top、bottom、left 和 right 这 4 个属性来设置元素相对浏览器的位置。

top、bottom、left 和 right 这 4 个属性不一定会全部都用到，一般只会用到其中两个。注意，这 4 个值的参考对象是浏览器的 4 条边。

▼ 举例

```
<!DOCTYPE html>
<html>
<head>
    <meta charset="utf-8" />
    <title></title>
    <style type="text/css">
        #first
        {
            width:120px;
            height:1800px;
            border:1px solid gray;
            line-height:600px;
            background-color:#B7F1FF;
        }
        #second
        {
            position:fixed;      /*设置元素为固定定位*/
            top:30px;            /*距离浏览器顶部30px*/
            left:160px;          /*距离浏览器左部160px*/
            width:60px;
            height:60px;
            border:1px solid silver;
            background-color:hotpink;
        }
    </style>
</head>
<body>
    <div id="first">无定位的div元素</div>
    <div id="second">固定定位的div元素</div>
```

```
</body>
</html>
```

浏览器预览效果如图 23-1 所示。

图 23-1　固定定位

▌ 分析

我们尝试拖动浏览器的滚动条，其中，有固定定位的 div 元素不会有任何位置改变，但没有定位的 div 元素会发生位置改变，如图 23-2 所示。

图 23-2　拖动滚动条后效果

注意一下，这里只使用 top 属性和 left 属性来设置元素相对于浏览器顶边和左边的距离就可以准确定位该元素的位置了。top、bottom、left 和 right 这 4 个属性不必全部用到，大家稍微想一下就懂了。

固定定位最常用于实现"回顶部特效"如图 23-3 所示，这个效果非常经典。为了实现更好的用户体验，大多数网站都用到了它。此外，回顶部特效还可以做得非常酷炫，我们可以去绿叶学习网首页感受一下。

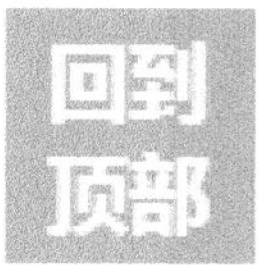

图 23-3　回顶部效果

23.3　相对定位：relative

在 CSS 中，我们可以使用"position:relative;"来实现相对定位。所谓的相对定位，指的是该元素的位置是相对于它的原始位置计算而来的。

▶ 语法

```
position:relative;
top:像素值;
bottom;像素值;
left:像素值;
right:像素值;
```

▶ 说明

"position:relative;"也是结合 top、bottom、left 和 right 这 4 个属性一起使用的，其中，先使用"position:relative;"让元素成为相对定位元素，接着使用 top、bottom、left 和 right 这 4 个属性来设置元素的相对定位。

top、bottom、left 和 right 这 4 个属性不一定会全部都用到，一般只会用到其中两个。这 4 个值的参考对象是该元素的原始位置。

注意，在默认情况下，固定定位元素的位置是相对浏览器而言的，而相对定位元素的位置是相对于原始位置而言的。

▶ 举例

```
<!DOCTYPE html>
<html>
<head>
    <meta charset="utf-8" />
    <title></title>
    <style type="text/css">
        #father
        {
            margin-top:30px;
            margin-left:30px;
            border:1px solid silver;
```

```
            background-color: lightskyblue;
        }
        #father div
        {
            width:100px;
            height:60px;
            margin:10px;
            background-color:hotpink;
            color:white;
            border:1px solid white;
        }
        #son2
        {
            /*这里设置son2的定位方式*/
        }
    </style>
</head>
<body>
    <div id="father">
        <div id="son1">第1个无定位的div元素</div>
        <div id="son2">相对定位的div元素</div>
        <div id="son3">第2个无定位的div元素</div>
    </div>
</body>
</html>
```

浏览器预览效果如图 23-4 所示。

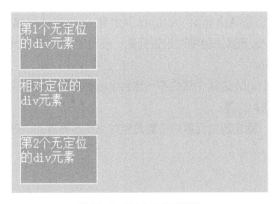

图 23-4 没有加入相对定位

我们为第 2 个 div 元素加入相对定位，CSS 代码如下。

```
#son2
{
    position:relative;
    top:20px;
    left:40px;
}
```

此时浏览器效果如图 23-5 所示。

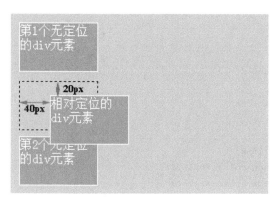

图 23-5　加入相对定位

分析

从这个例子可以看出，相对定位元素的 top 和 left 是相对于该元素的原始位置而言的，这一点和固定定位是不一样的。

在相对定位中，对于 top、right、bottom、left 这 4 个属性，我们也只需要使用其中两个属性就可以确定一个元素的相对位置。

23.4　绝对定位：absolute

在 CSS 中，我们可以使用"position:absolute;"来实现绝对定位。绝对定位在几种定位方式中使用最为广泛，因为它能够很精确地把元素定位到任意你想要的位置。

一个元素变成了绝对定位元素，这个元素就完全脱离文档流了，绝对定位元素的前面或后面的元素会认为这个元素并不存在，此时这个元素浮于其他元素上面，已经完全独立出来了。

语法

```
position:absolute;
top:像素值；
bottom:像素值；
left:像素值；
right:像素值；
```

说明

"position:absolute;"是结合 top、bottom、left 和 right 这 4 个属性一起使用的，先使用"position:absolute"让元素成为绝对定位元素，接着使用 top、bottom、left 和 right 这 4 个属性来设置元素相对浏览器的位置。

top、bottom、left 和 right 这 4 个属性不一定会全部都用到，一般只会用到其中两个。默认情况下，这 4 个值的参考对象是浏览器的 4 条边。

对于前面 3 种定位方式，我们现在可以总结如下：**默认情况下，固定定位和绝对定位的位置是相对于浏览器而言的，而相对定位的位置是相对于原始位置而言的。**

▶ 举例

```
<!DOCTYPE html>
<html>
<head>
    <meta charset="utf-8" />
    <title></title>
    <style type="text/css">
        #father
        {
            padding:15px;
            background-color:#0C6A9D;
            border:1px solid silver;
        }
        #father div{padding:10px;}
        #son1{background-color:#FCD568;}
        #son2
        {
            background-color: hotpink;
            /*在这里添加son2的定位方式*/
        }
        #son3{background-color: lightskyblue;}
    </style>
</head>
<body>
    <div id="father">
        <div id="son1">box1</div>
        <div id="son2">box2</div>
        <div id="son3">box3</div>
    </div>
</body>
</html>
```

浏览器预览效果如图 23-6 所示。

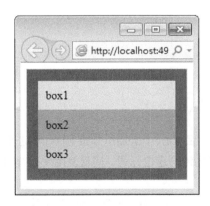

图 23-6   没有加入绝对定位

我们为第 2 个 div 元素加入绝对定位，CSS 代码如下。

```
#son2
{
    position:absolute;
    top:20px;
    right:40px;
}
```

此时浏览器效果如图 23-7 所示。

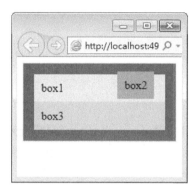

图 23-7 加入绝对定位

▌分析

从这个例子可以看出，绝对定位元素的 top 和 right 是相对于浏览器而言的。在绝对定位中，top、right、bottom、left 这 4 个属性，我们也只需要其中两个属性就能确定一个元素的相对位置。

23.5 静态定位：static

在默认情况下，元素没有指定 position 属性时，这个元素就是静态定位的。也就是说，元素 position 属性的默认值是 static。

一般情况下，我们用不到"position:static"，不过在使用 JavaScript 来控制元素定位时，如果想要使元素从其他定位方式变成静态定位，就需要使用"position:static"来实现。

在 CSS 入门中，我们只需要掌握固定定位、相对定位和绝对定位 3 种就可以了，静态定位了解一下就行。

【最后的问题】

1. 学完这本书之后，接下来我们应该学哪些内容呢？

本书是 HTML 和 CSS 的基础部分，不过我相信已经把市面上大多数同类图书涵盖的知识点都讲解了。但是要想达到专业前端工程师的水平，仅凭这些是远远不够的，小伙伴们还得继续学习更高级的技术才行。

如果你使用的是"从 0 到 1"系列套书，那么下面是推荐的学习顺序。

《从 0 到 1：HTML+CSS 快速上手》→《从 0 到 1：CSS 进阶之旅》→《从 0 到 1：JavaScript 快速上手》→《从 0 到 1：jQuery 快速上手》→《从 0 到 1：HTML5+CSS3 修炼之道》→

《从 0 到 1：HTML5 Canvas 动画开发》→ 未完待续。

2. 为什么不把《从 0 到 1：CSS 进阶之旅》的内容合并到《从 0 到 1：HTML+CSS 快速上手》这本书里呢？

《从 0 到 1：CSS 进阶之旅》涉及的都是实际开发项目或者前端面试级别的内容，难度比较大，而且内容也非常多，所以分开介绍会更好。这样有一个循序渐进的过程，小伙伴们学起来也不至于走太多的弯路。

23.6 本章练习

一、单选题

1. 我们可以定义 position 属性值为（　　），以此来实现元素的相对定位。

    A. fixed   B. relative

    C. absolute   D. static

2. 下面哪个属性不会让 div 元素脱离文档流？（　　）

    A. position:fixed;   B. position:relative;

    C. position:absolute   D. float:left;

3. 默认情况下，以下关于定位布局的说法，不正确的是（　　）。

    A. 固定定位元素的位置是相对浏览器的四条边

    B. 相对定位元素的位置是相对于原始位置

    C. 绝对定位元素的位置是相对于原始位置

    D. position 属性的默认值是 static

4. 下面有关定位布局，说法不正确的是（　　）。

    A. 想要实现相对定位或绝对定位，我们只需要用到 top、right、bottom、left 的其中 2 个就可以了

    B. 绝对定位可以让元素完全脱离文档流，元素不会占据原来的位置

    C. 现在的前端开发不再使用表格布局，而是使用浮动布局和定位布局

    D. 在实际开发中，优先使用定位布局。如果实现不了，再考虑浮动布局

二、编程题

1. 仿照百度首页，自己动手还原出来。说明：模仿还原网站是初学者最佳的实践方式，而百度首页往往是最适合初学者练习的第一个页面。

2. 打造一个属于自己的博客网站。

附录 A

HTML 常用标签

在 HTML 中，语义化是最重要的东西。学习 HTML 的目的并不是记住所有的标签，更重要的是在你需要的地方使用正确的语义化标签。

表 A-1 是一张非常有价值的表，它列举了 HTML 中最常用的标签及其语义，我们可以很方便地记忆和查询。

表 A-1 标签及语义

标签	英文全称	语义
div	division	区块（块元素）
span	span	区块（行内元素）
p	paragraph	段落
ol	ordered list	有序列表
ul	unordered list	无序列表
li	list item	列表项
dl	definition list	定义列表
dt	definition term	定义术语
dd	definition description	定义描述
h1~h6	header1~header6	1~6 级标题
hr	horizontal rule	水平线
a	anchor	锚点（超链接）
strong	strong	强调（粗体）
em	emphasized	强调（斜体）
sup	superscript	上标
sub	subscript	下标
table	table	表格
thead	table head	表头
tbody	table body	表身

续表

标签	英文全称	语义
tfoot	table foot	表脚
th	table header	表头单元格
td	table data cell	表身单元格
caption	caption	标题（用于表格和表单）
figure	figure	图片域（用于图片）
figcaption	figure caption	图片域标题（用于图片）
form	form	表单
fieldset	fieldset	表单域（用于表单）
legend	legend	图例（用于表单）

附录 B

常用表单标签

表 B-1 常用表单标签

表单元素	说明
<input type="text" />	单行文本框
<input type="password"/>	密码文本框
<input type="radio" />	单选框
<input type="checkbox" />	复选框
<input type="button" />	普通按钮
<input type="submit" />	提交按钮
<input type="reset" />	重置按钮
<input type="file" />	文件域
<textarea></textarea>	多行文本框
<select></select>	下拉列表

附录 C

CSS 常用属性

表 C-1 CSS 常用属性

字体样式	
font-family	字体类型
font-size	字体大小
font-weight	字体粗细
font-style	字体风格
color	字体颜色
文本样式	
text-indent	首行缩进
text-align	水平对齐
text-decoration	文本修饰
text-transform	大小写转换
line-height	行高
letter-spacing	字间距
word-spacing	词间距（只针对英文单词）
边框样式	
border	边框的整体样式
border-width	边框的宽度
border-style	边框的外观
border-color	边框的颜色
列表样式	
list-style-type	列表项符号
list-style-image	列表项图片

续表

表格样式	
caption-side	标题位置
border-collapse	边框合并
border-spacing	边框间距
图片样式	
width	图片宽度
height	图片高度
border	图片边框
text-align	图片对齐
float	文字环绕
背景样式	
background-image	背景图片地址
background-repeat	背景图片重复
background-position	背景图片位置
background-attachment	背景图片固定
超链接样式	
a:link{}	超链接"未访问"的样式
a:visited{}	超链接"访问后"的样式
a:hover{}	鼠标"经过"超链接的样式
a:active{}	鼠标"单击"超链接时的样式
cursor	鼠标外观
盒子模型	
width	宽度
height	高度
border	边框
margin	外边距
padding	内边距
浮动布局	
float:left;	左浮动
float:right;	右浮动
clear:both;	清除浮动
定位布局	
position:fixed;	固定定位
position:relative;	相对定位
position:absolute;	绝对定位
position:static;	静态定位

附录 D

W3C 十六色

表 D-1 W3C 十六色

英文名	中文名	十六进制颜色值	RGB 颜色值
black	黑色	#000000	0, 0, 0
white	白色	#FFFFFF	255, 255, 255
red	红色	#FF0000	255, 0, 0
yellow	黄色	#FFFF00	255, 255, 0
lime	绿黄色	#00FF00	0, 255, 255
aqua	浅绿色	#00FFFF	0, 255, 255
blue	蓝色	#0000FF	0, 0, 255
fuchsia	紫红色	#FF00FF	255, 0, 255
gray	灰色	#808080	128, 128, 128
silver	银色	#C0C0C0	192, 192, 192
maroon	栗色	#800000	128, 0, 0
olive	橄榄色	#808000	128, 128, 0
green	绿色	#008000	0, 128, 0
teal	水鸭色	#008080	0, 128, 128
navy	海军蓝	#000080	0, 0, 128
purple	紫色	#800080	128, 0, 128